DELIUS KLASING

Challenger

Ulrich Biene

Die Autowelt im Kinderzimmer

Delius Klasing Verlag

Inhalt

Aktualität gehört zum Siku-Programm gestern wie heute dazu. Da darf sich gern auch der altgediente, längst legendäre VW T1 hinzugesellen.

Vorwort

Wenn Siku-Autos Geschichten erzählen

Welches Spielzeug hat schon einen solchen Generationen übergreifenden Erinnerungswert wie die Siku-Autos? Gestern wie heute begeistern Spielzeugmodelle des Lüdenscheider Herstellers all jene, die mit Autobegeisterung sich einer Miniaturwelt widmen möchten. Und tatsächlich begleitete die Marke Siku Jung und Alt über all die Jahre gleichsam als automobiler Chronist einer Vorbildwelt, die en miniature mindestens genauso viel Faszination ausübt wie die „großen“ Autos selbst.

Wer sich die Entwicklung der Siku-Autos in den zurückliegenden, nunmehr sieben Jahrzehnten anschaut, der weiß, welches auch modellbauerische Gesamtwerk dort geschaffen wurde. Fahrzeugspezialisten, die von Einzelentwicklungen der Sechzigerjahre künden, zählen ebenso dazu wie die großen Trends der jüngsten Vergangenheit. Die jungen Autobegeisterten von heute wünschen sich genauso wie früher Aktualität – die große Welt im Kleinem eben. Natürlich darf da heute gern der legendäre VW T1 hineinrollen, ansonsten geht es in all den Programmjahren um ein Spiegelbild der aktuellen Verkehrswelt.

Die längst zur Markenlegende gewordenen vier einprägsamen Lettern haben deshalb Bestand, weil die Qualität stets oberstes Prinzip der Siku-Modellbauer geblieben ist. Generationen übergreifend bedeutet eben auch Robustheit und ein Erhaltungszustand, der es den Großvätern heute möglich macht, ihren Enkeln eine Spielkiste mit Siku-Autos aus längst vergangenen Jahrzehnten zu präsentieren. Spielspaß haben dann alle! Es sind die Faszination und der ungeheure Erinnerungswert, die Siku-Autos in der Rückschau so unvergessen machen. Ganz gleich, ob es der Aral-Tankauflieger von 1968 oder der Topas-Tankzug von 1989 ist – einen gemeinsamen Nenner finden all jene, die mit Siku leidenschaftlich gespielt haben.

Ulrich Biene

Feuerwehreinsatz im Maßstab 1:50: Es sind die großen Themen des Alltags, die Siku so spiel- und sammelattraktiv machen.

BV-ARAL
ARAL

Die Anfänge

Henschel-Tanker und Pappbogen vom Aral-Tankwart

Ein Bogen Pappe kann so schön sein! Ganze Kindergenerationen haben es seit den Fünfzigerjahren erlebt, wenn es in Papas Auto zur Tankstelle geht. Genau das ist der Moment, in dem der Tankwart seine ganze Sympathie versprüht, wenn er auf der Rückbank die Sprösslinge durchs Fenster schauen sieht und sich nur für kurze Zeit abwendet, um im Tankwarthäuschen zu verschwinden. Zurück kommt er mit einem weißen, zusammengefalteten Pappbogen, den er kurzerhand durch die Autotür nach hinten reicht. Und zu Hause angekommen hat der Henschel-Tanker dann eine fertige Tankstelle.

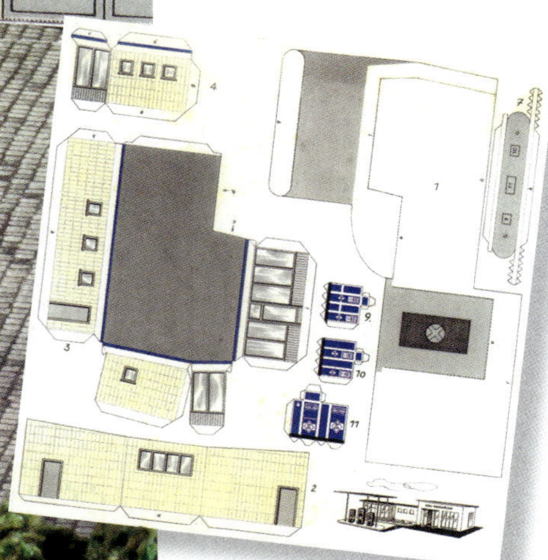

Der Bastelbogen von Aral bringt sogar die Dachstützen mit, sodass das Zusammenstecken nur noch Platzierungsarbeit ist. Nun gut, 90 lange Minuten erfordern schon ein gerütteltes Maß an Konzentration, aber mindestens genauso viel Geduld.

ESSO
MOTOR
HOTEL
Restaurant
ADAC
Technischer Prüfdienst
ADAC-BREMSEN-PRÜF

Teil des Alltags

ADAC bringt Lebenswelt auf den Küchentisch

Es sind die Spielideen, die Siku seit den späten Sechzigerjahren mitbringt. Der ADAC-Prüfdienstwagen zählt 1973 den großen Errungenschaften in den Spielzimmern der Bundesrepublik. Während das Vorbild seinerzeit aufmerksamkeitsstark in Stadt und Land Station macht, lässt sich die Wirklichkeit auf dem Küchentisch nachempfinden. Der Auflieger lässt sich zum Prüfstand öffnen – sogar die Rollen für die Bremsenprüfung sind beweglich. Siku weiß die große Welt ins Spielzimmer zu tragen.

Im Maßstab 1:60 rollen damals die Siku-Autos ins Programm und machen die große Autowelt erfahrbar. Es sind die Typen jener Jahre, die vor der Haustür auf der Straße allgegenwärtig sind.

DEUTZ-FAHR
GP 2.50
DEUTZ
DEUTZ-FAHR
TURBO DX 6.31
DEUTZ·FAHR

Neuer Maßstab 1:32

Als die robusten Siku-Traktoren Ernte einfahren

Die Landwirtschaft erobert seit den Siebzigerjahren die Kinderzimmer. Qualität und Vorbildfunktionen im neuen Siku-Maßstab 1:32 machen es möglich. Es gelingt Siku, innerhalb weniger Jahre zum Synonym für vorbildgerechte Spielzeugmodelle der Landwirtschaft zu werden. Und alle haben ihren Spaß daran, wenn Vater und Sohn die Schlepper zu immer neuen Ernteerlebnissen ausrüsten.

Die DX-Serie von Deutz markiert den Anfang des Siku-Engagements im neuen Maßstab 1:32. Anfangs erscheinen die Modelle noch etwas behäbig, sollten aber von Jahr zu Jahr vorbildgerechter werden.

Größer & attraktiver

Die Begeisterung für Baufahrzeuge endet nie

Die Baustelle bedeutet Spielwert und Funktionalität. Mit dem Umschwenken auf den größeren Maßstab 1:55 gelingt ein wichtiger Schachzug, um dem wachsenden Anspruch der jungen Autofreunde gerecht zu werden. Die Siku-Autos wachsen in den Folgejahren, gewinnen an Attraktivität und schaffen noch mehr Begeisterung.

Der Volltreffer gelingt immer, wenn das große Geschenkset auf dem Gabentisch liegt. Baustellenfahrzeuge erfreuen sich gestern wie heute ungeheurer Beliebtheit. Einen Strömungsabriss werden sie niemals erfahren.

JOSKIN
Trans-SPACE 8000/27
TRC 150
CLAAS
AXION

Ungeheuer nah am Vorbild

Maßstabswelt in 1:32 macht richtig Lust auf Landwirtschaft

Anders als 1983 erscheinen die Modelle der Farmer-Serie heute mit einer Detailkraft, die der Authentizität der Vorbilder ungeheuer nahe kommt. Schon Ende der Neunzigerjahre hatte der damalige Siku-Chef Volker Sieper den Weg vorgezeichnet: Mehr Vorbildnähe bei gleicher Funktionalität. Für die Konstrukteure war das eine neue Herausforderung, doch die Mühe aller Akteure sollte sich lohnen. Wenn heute der Claas Axion 950 den dreiachsigen Joskin-Muldenkipper zum Verladen zieht, erscheint die Situation wie in Wirklichkeit. Der Manitou MLT840 steht bereit, um das Ladegut Schaufel für Schaufel zu befördern. Wie es sich für einen Teleskoplader gehört. So macht der „große" Maßstab 1:32 richtig Spaß!

Der Teleskoplader MLT 840 von Manitou ist ein echter Gigant auf dem Bauernhof. Die große Originalität ganz nah am Vorbild sorgt für eine beeindruckende Siku-Miniatur. Der flexible Ladearm mit raumfüllender Schaufel lässt sich teleskopieren, um auch Schüttgut auf größere Anhänger zu verladen. Seine Allradlenkung verleiht dem Modell eine größtmögliche Wendigkeit.

1

Nach dem Krieg auf der Suche nach neuem Geschäftsfeld

Knöpfe, Milchkannen und die große Idee vom Spielzeug

Kunststoff als Ersatz für Glas und Keramik – Siku startet gleich nach der Währungsreform 1948 mit innovativen Produkten, die jeder Haushalt gebrauchen kann. Das neue Geschäftsfeld treibt den Erfindergeist der Firma Richard Sieper & Söhne kreativ und alltagsnah nach vorn.

Ihr Unternehmen hatte gerade mal 24 Jahre Bestand, als der Krieg zu Ende ging. Wie es weitergehen sollte, ahnte keiner der Gründer. Die Brüder Werner und Kurt Sieper hatten nach dem Zusammenbruch im Mai 1945 wie so viele Unternehmen im Lüdenscheider Raum unter besonderer Beobachtung der Alliierten gestanden. Die Briten sahen gerade dort genau hin, wo Betriebe Auftragsfertigungen für die Wehrmacht übernommen hatten. Jetzt kam die Zeitenwende und die beiden Siepers mussten sich Gedanken darüber machen, wie die 200 Beschäftigten, die sich in den Nachkriegswirren nach und nach einfanden, wieder in eine neue Produktion eingebunden werden konnten.

Die Söhne des Gründers Richard Sieper, der 1941 gestorben war, entschieden sich für den Königsweg. Sie schöpften aus der Erfahrung ihrer unternehmerischen Kompetenz und schlugen ein Kapitel auf, das auf Anhieb dem Anspruch nach durchweg zivil genutzten Produkten folgte. Gerade im stark zerbombten Revier, aber auch daheim, fehlte es in den Haushalten an allen Ecken und Enden. Man tat das, was viele Unternehmen antrieb, die mit dem Kunststoffspritzguss vertraut waren. Die ersten Werkzeuge der Wiederaufbaujahre wurden Kämmen und Knöpfen gewidmet. Nachdem 1943 der Standort im siegerländischen Müsen in Betrieb genommen worden war, lief dort wieder die Produktion von Knöpfen mit rasch wachsender Auslastung an. Einen ersten Akquisitionserfolg verbuchte das Unternehmen bereits vor der Währungsreform 1948, als Beiersdorf in Hamburg einen Großauftrag für die Abroller von Tesa-Film vergab. In Lüdenscheid und Müsen ging es gar nicht anders, es mussten Aufträge hereingeholt werden, solange man kein eigenes Geschäftsfeld ersonnen hatte.

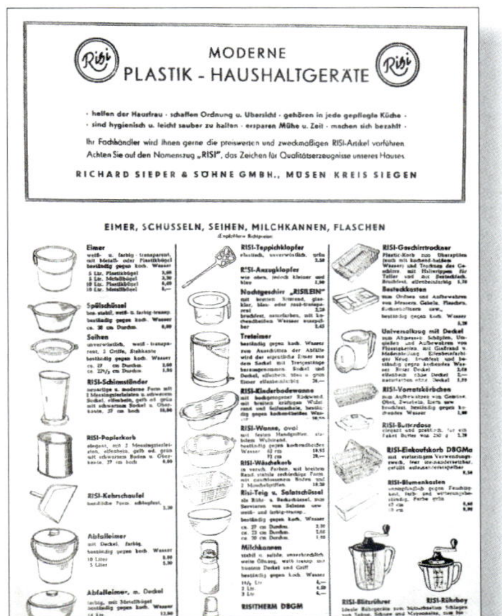
MODERNE PLASTIK - HAUSHALTGERÄTE

· helfen der Hausfrau · schaffen Ordnung u. Übersicht · gehören in jede gepflegte Küche ·
· sind hygienisch u. leicht sauber zu halten · ersparen Mühe u. Zeit · machen sich bezahlt ·

Ihr Fachhändler wird Ihnen gerne die preiswerten und zweckmäßigen RISI-Artikel vorführen. Achten Sie auf den Namenszug „RISI", das Zeichen für Qualitätserzeugnisse unseres Hauses.

RICHARD SIEPER & SÖHNE GMBH., MÜSEN KREIS SIEGEN

EIMER, SCHÜSSELN, SEIHEN, MILCHKANNEN, FLASCHEN

Eimer

Spülschüssel

Seihen

RISI-Teppichklopfer

RISI-Anzugklopfer

Nachtgeschirr „RISILEIN"

Treteimer

RISI-Geschirrtrockner

Bestеckkasten

Universalkrug mit Deckel

Praktische Haushaltsartikel gehören von Anfang an zum Siku-Sortiment, wobei die Produktpalette wenig später zwischen den Standorten in Lüdenscheid und Müsen aufgeteilt wird. Die Produkte aus dem Siegerland werden unter der Marke Risi (Richard Sieper) vertrieben, die Siku-Produkte (Sieper Kunststoff) kommen aus Lüdenscheid.

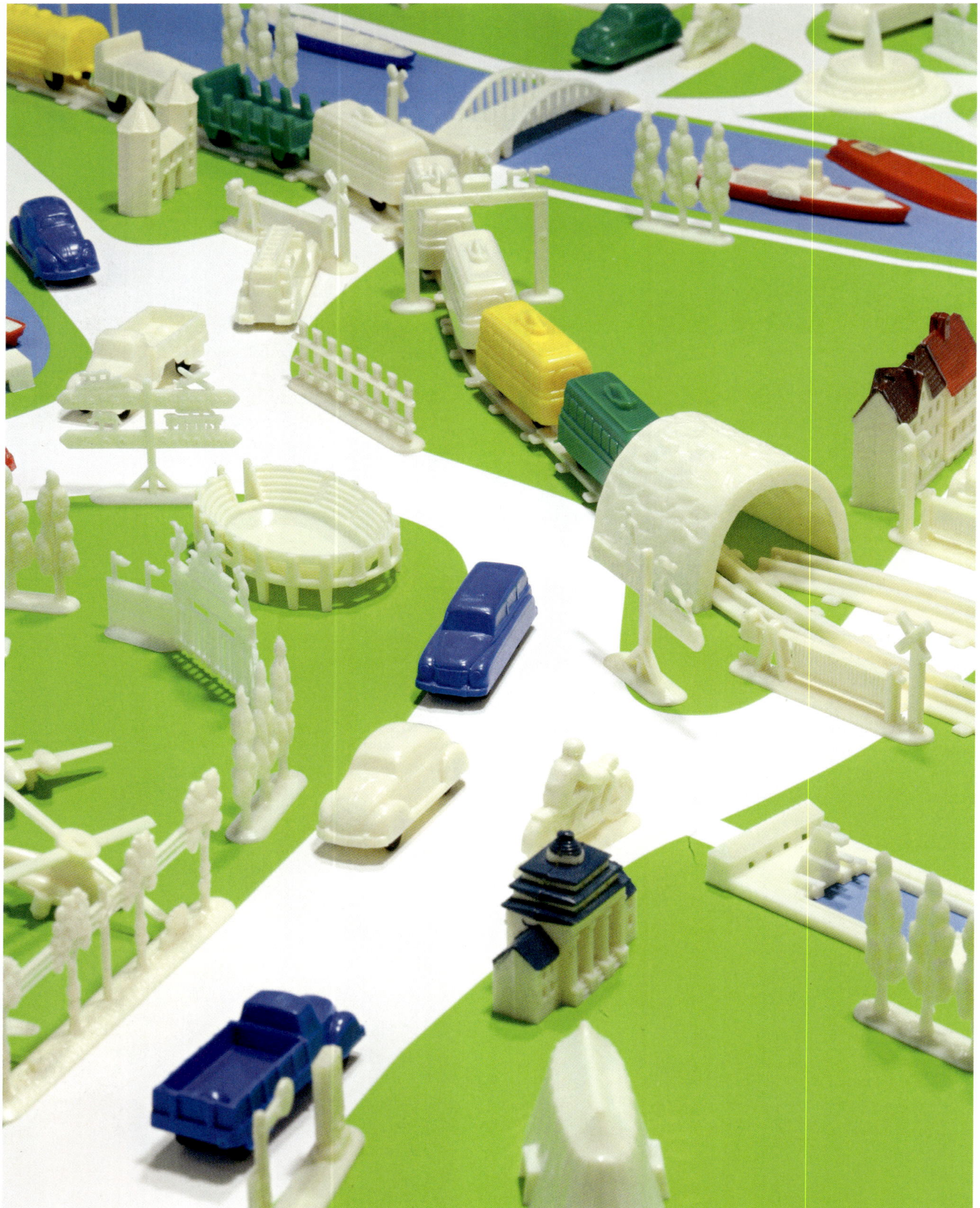

Feuer frei für die Zugabeartikel: Die Margarinehersteller – allen voran die Fritz Homann AG aus Dissen am Teutoburger Wald – sorgen zu Beginn der Fünfzigerjahre für eine Sammeleuphorie ihrer Kunden. Wer Spaß hat, kann mit den Pfennigartikeln aus dem Margarinetopf ganze Stadtlandschaften entstehen lassen.

Trotz ihrer nur wenige Zentimeter betragenden Größe besitzen die unterschiedlichen Sammelserien ihren Reiz. Die Hersteller von Margarine, später auch von Kaffee, wissen die Nachfrage für sich zu nutzen.

Nach der Lieferung neuester Spritzgussmaschinen kam ein Auftrag von Mercedes-Benz zum richtigen Zeitpunkt. Hunderttausende Mercedes-Benz-Sterne purzelten 1949/50 aus den Formen, während die notwendige Verchromung ein Betrieb in der Lüdenscheider Nachbarschaft übernommen hatte. Mit dem Marshall-Plan und der Finanzoffensive der Alliierten wurde Werner und Kurt Sieper rasch klar, dass Lohnproduktion allenfalls ein Standbein, nicht aber die Zukunft bedeuten sollte. Als dann 1950 die Marke Siku, kurzerhand aus den Worten Sieper Kunststoff zusammengeführt und zum in Versalien geprägten Warenzeichen angemeldet wurde, schloss sich der Kreis. Wertschöpfung und Ertragskraft funktionierten nur über ein eigenes Produktsortiment, das dank eigener Ideen Ertrag und Investitionskraft versprach. Sieper beendete das Engagement als Automobilzulieferer und kümmerte sich um Haushaltsartikel, die auf der einen Seite trendgerecht ausfielen und auf der anderen Seite große Stückzahlen in Aussicht stellten.

So ging der Siku-Rührbecher („Unentbehrlich im Haushalt“) ebenso an den Start wie der Siku Turbo-Universal-Becher. „Im Rahmen der Siku-Kollektion“, so der Handzettel, sollte der Rührbecher „der Hausfrau ein unentbehrlicher Helfer sein“. Der Drehdeckel fungierte buchstäblich als Dreh- und Angelpunkt für das Rührwerk. Siku versprach den Haushalten, dass sich damit problemlos Sahne, Eierschnee, aber auch Mayonnaise oder Cremes schlagen ließen. „Das gelingt, weil sich mit jeder Drehung der Schneebesen im Innern zehn Mal so schnell in Rotation begibt“, lautete das zugehörige Produktversprechen. „Der Siku-Rührbecher ist ein Schmuckstück in Form und Aussehen, ein beliebtes Geschenk, das jeder Hausfrau Freude macht.“ Dass die Menschen nach Veränderungen, aber vor allem nach Modernität lechzten, um die Vergangenheit vergessen zu machen, schlug sich in den Produktideen nieder. So kamen

Das Beiblatt gibt einen Vorgeschmack auf das, was mit den Zügen, Autos, Schiffen, Häusern und Brücken alles möglich ist. Als die Zugaben überhand nehmen, stoppen die Hersteller die Verkaufspraxis.

Der erste Messestand gleicht einer für die Nachkriegsjahre durchaus üblichen Koje. Auf dem wenige Quadratmeter großen Stand kommen alle Risi-Produkte zum Verkauf. Milchkannen und Trinkflaschen aus teiltransparentem Hostalen zählen zum Verkaufsprogramm und machen fortan den damals üblichen Blechgebinden Konkurrenz. Hostalen ist leicht und unzerbrechlich.

die Siku-Likörgläser in Plastikausführung gerade richtig. „Wer aus deinem Siku-Likörglas getrunken hat, ist frei von Vorurteilen und stellt fest, dass geschmacklich gegenüber Glas kein Unterschied festzustellen ist“, wurde mit Materialvorbehalten aufgeräumt. Beim Siku-Hefter („Einfach in der Bedienung, zuverlässig im Gebrauch“) führten die Macher ihre Kunststoff- und Metallbaukompetenz zusammen. Das Bürogerät ging im zweifarbigen „Plastik-Taschenetui“ mit einem Vorrat von 1.000 Heftklammern in den Handel.

Am Standort Müsen gewann die Produktion von Haushaltsgeräten immer mehr an Bedeutung. Dort gingen unter dem Markennamen „RISI“ (Richard Sieper) nicht nur Rührbecher, sondern auch Milchkannen in Serie. Angesichts der Leidenschaft der Kriegsgeneration für das Rauchen fertigte der Zweitbetrieb fortan auch Feuerzeuge, deren Unterteile aus transparentem, wechselfarbigem Kunststoff gestaltet waren. Und am Lüdenscheider Standort besann man sich auf eine Fähigkeit aus Kriegszeiten, als Kunststoffplaketten mit einem hohen schöpferischen Kreativitätspotenzial entstanden waren. So entstanden die ersten Schneewürfel – in jener Zeit als beliebtes Geschenk. In der transparenten Box mit Wasser schwebte der Schnee um Figuren oder Landschaften. Erst später sollte dieser Artikel als „Schneekugel“ Einzug in den Sprachgebrauch finden. Dass niemand den

Siku-Artikel im Handstreich kopierte, dafür sollte die Anmeldung eines Gebrauchsmusterschutzes sorgen. Der Siku-Schneewürfel entpuppte sich schnell als Verkaufsschlager. Aber auch handbemalte Figurenserien, die mit einem Faden auf einem Karton festgezurrt waren, entwickelten in jenen Jahren Impulscharakter. Und als dann 1951 noch der große Feuerwehrspritzenwagen hinzukam, war der Knoten geplatzt. Gleich zehn Messemuster präsentieren die Aussteller aus dem Herzen Westfalens auf der rechten Seite ihres Standes – ein Beweis für die Strahlkraft dieses multifunktionalen Spielzeugs.

Die Nürnberger Spielwarenmesse entpuppte sich für das Unternehmen aus Lüdenscheid als ein Glücksfall, denn die Händler knüpften goldwerte Kontakte. In die Frankenmetropole kamen damals genau jene Kaufleute, die in ihren Haushaltsgeschäften eben auch Spielwaren und Freizeitartikel anboten. So reihte sich ein Artikel nach dem anderen ins Programm ein – von der Siku-Pingpong-Kanone bis hin zum drehbaren Förderband für den Sandkasten. Aber auch der Toto-Dreh, der mit Gebrauchsmusterschutz versehen wurde, oder das Clownsgesicht mit dem am Band befestigten Metallring zum Auffangen mit Nase schafften Sortimentsbreite.

Zu Beginn der Fünfzigerjahre kam dem Unternehmen aus Lüdenscheid, das fortan unter Richard Sieper & Söhne firmierte, noch eine zweite Entwicklung zu Gute: Die Marktwirtschaft sorgte draußen im Handel für eine zunehmende Wettbewerbsintensität, die die Hersteller von Kaffee, Margarine und Co. mit begehrlichen Zugabeartikeln zu beantworten

Knöpfe in zahlreichen Farbtönen gehören zum Anfangssortiment gleich nach dem Krieg. Aber auch Trinkbecher, die aus Kunststoffresten gespritzt werden und zwangsläufig farblich changieren, gehören zu den Gebrauchsartikeln, die in jenen Jahren Absatz versprechen.

Warum nicht! Pfeifen aus Kunststoff sind begehrt. Zahlreiche Formen bauen die Mitarbeiter von Richard Sieper & Söhne bis zum Beginn der Fünfzigerjahren, um das neue Geschäftsfeld voranzubringen.

Am Reißbrett entstehen die präzisen Bauzeichnungen für die unterschiedlichen Produkte. Dazu gehört auch ein Hefter für den Büroalltag – mit Box für Heftklammern versteht sich.

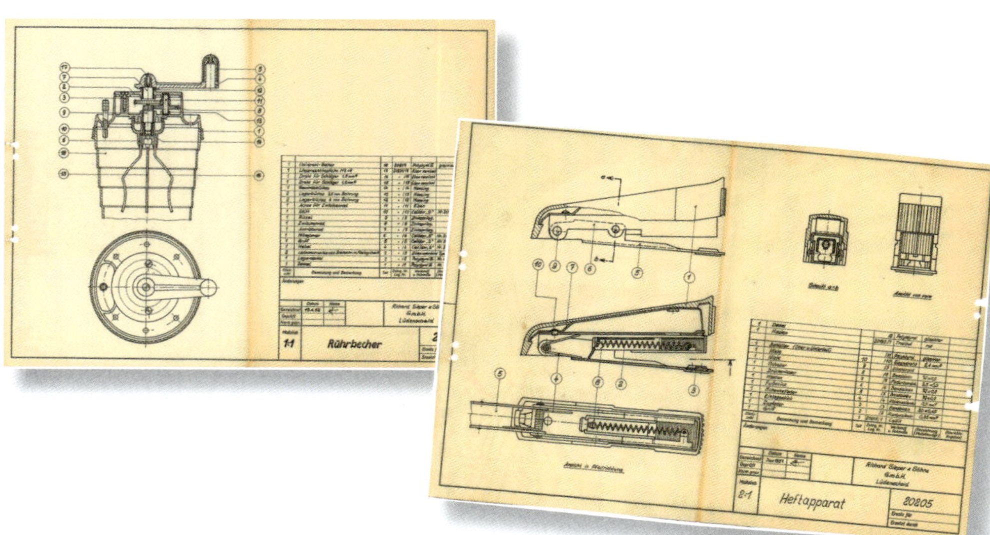

wussten. Wertige Figuren oder Kleinstmodelle mit Seriencharakter und Sammelimpuls sollten es sein, im Einkauf den Groschenbetrag kaum übertreffend. In Lüdenscheid gingen schon 1951 die Nachfragen ein – ein erster Kaugummiproduzent bestellte schlichte Figuren und die zunächst überschaubare Menge einer individuellen Serie, die den Kölner Karneval thematisierte. Gleiches galt für ein begehrtes Kinderprodukt, das zu Beginn der Fünfzigerjahre an Popularität gewann: Wundertüten! Erste Figuren gingen 1951 an die Ersatzkaffee-Industrie, der Röstereien für echten Aroma-Kaffee folgten. Werner und Kurt Sieper ließen ihre persönlichen Kontakte spielen und gelangten an die Margarinefabrik Homann in Dissen. Der damalige Juniorchef gab nach mehreren Gesprächen grünes Licht für einen ersten Markttest, seine Produkte durch Figuren aus Lüdenscheid aufwerten zu lassen. Als im Frühjahr 1953 die ersten 500.000 Teile zum Produktionsort am Teutoburger Wald geliefert wurden, waren kleine Zugaben schon bei dem einen oder anderen Produkt gang und gäbe, doch mit der Margarine als Lebensmittel des täglichen Bedarfs gab Homann einen unübersehbaren Massenimpuls in den Markt. Für Siku ein Volltreffer. Es sollten die beliebten Tier- und Bauernhoffiguren sein, die von Anfang an die Herzen der Menschen erreichten. Die Fri-Homa-Figuren erfuhren innerhalb weniger Monate eine solche Popularität, dass sie die Marktanteile der Konkurrenzprodukte ins Wanken brachten. Es drang bis nach Lüdenscheid, dass Homanns Erzwettbewerber, die Margarine-Union, in nur kurzer Zeit einen Tagesabsatz von immerhin 100.000 Paketen einbüßen musste. Alles nur wegen der kleinen, aber Nachfrage beschleunigenden Zugabeartikel. Für Richard Sieper & Söhne bedeuteten die Massenartikel, die als „Margarinefiguren“ in die deutsche Nachkriegsgeschichte eingehen sollten, erstmals nach dem Krieg alle Kräfte zu bündeln. Rund um die Uhr musste plötzlich an Ideen, Entwürfen sowie an der Umsetzung von Gravuren und Formen gearbeitet werden. Kein Zweifel: Die Marktwirtschaft hatte die Schlittenbacher Produktion erreicht. Im Lüdenscheider Unternehmen führte man genau Buch über diese unerwartete, gleichwohl atemberaubende Entwicklung: In gerade mal 18 Monaten entstanden 61 verschiedene Serien mit gut und gerne 500 Figuren. Der Markt überschlug sich, das Zugabeverhalten der Hersteller überraschte selbst den Verbraucher, der das Engagement wohlwollend und mit verlässlichen Abverkäufen goutierte. Der harte und durch begehrte Figuren beflügelte Wettbewerb um Absätze war schon zur Jahreswende 1952/53 völlig überhitzt. In Lüdenscheid entstanden Themenreihen, die zu einer regelrechten Sammeleuphorie in den Haushalten führten. Darstellungen bunter Blumenvasen, verschiedene Häuser, aber auch Schiffstypen, Flaggen und Armbänder kamen zur Auslieferung. Fri-Homa legte seinen Produkten sogar ein Farbblättchen zur Orientierung bei, das die große Welt der kleinen Figuren illustrierte. Man darf nicht vergessen, dass die damalige Begeisterung an die Vorkriegsjahre anknüpfte, als es Sammelbilder waren, die am liebsten vollständig ins Album eingeklebt werden wollten. Nach dem Krieg war mit den Zugaben eine gesteigerte Form der Wertigkeit erreicht worden.

Angesichts der Kapazitäten im Kunststoffspritzguss übernimmt die laufende Produktion von Richard Sieper & Söhne Auftragsfertigungen. Dazu zählen die sympathische Mädchenfigur, die für den Kunststoff Hostalen wirbt, und die PEZ-Spender.

Formschön und ästhetisch: Kleiderhaken in unterschiedlichen Farben.

Biblische Themenreihen erfreuen sich großer Beliebtheit, sprechen sie doch ein breites Publikum an und passen saisonal in die Weihnachtszeit.

Zu Beginn des Jahres 1954 gipfelte das Zugabefeuerwerk bei den Margarineherstellern in einer neuen Dimension. Die Margarine-Union legte qualitativ noch eins drauf und orderte erstmals Weichplastikfiguren. Im März 1955 war endgültig der Zeitpunkt gekommen – die Zugaben wurden von den Herstellern gemeinschaftlich gestrichen. Sie stornierten die Kontrakte mit Richard Sieper & Co. und leisteten zugleich großzügige Abstandszahlungen für bereits erfolgte Produktentwicklungen.

Für das Lüdenscheider Unternehmen bedeutete der mehrjährige wirtschaftliche Erfolg eine zentrale Weichenstellung: Während bereits in den Vorjahren quasi parallel die Produktion von Haushaltsartikeln erweitert worden war, entschlossen sich Werner und Kurt Sieper dazu, genau jene Haushaltsgeräte fortan nur noch am zweiten Standort in Müsen zu fertigen. Lüdenscheid konzentrierte sich hingegen auf Spielzeug, dessen Sortiment ständig wuchs und bereits erfreuliche Zuwächse erwirtschaftete. Kapital für neue Stahlformen lag bereit. Der Autobaukasten

Nach präzisen Zeichnungen entstehen im Formenbau die Tierfiguren, die angesichts ihrer Natürlichkeit viele Menschen begeistern.

Ganz gleich ob Engel oder Winterfiguren – bei Siku werden zu Beginn der Fünfzigerjahre die Themenreihen ständig erweitert.

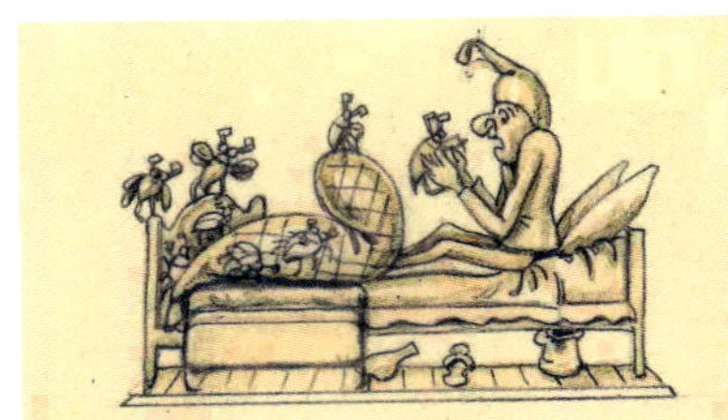

von Siku erwies sich als Selbstläufer par excellence. Denn der Deckel verfügte in der Mitte über eine Falzung, die dem Karton nach dem Knicken zu wirkungsvoller Displaywirkung verhalf. In einer Kastengröße von 32 mal 17 Zentimetern enthielt der Autobaukasten ein Chassis mit einem zentral gelagerten Schwungradantrieb und vier Karosserien, die sich in wechselnden Farben wiederfanden und an der Unterseite des Fahrgestells mit einem Arretierstift fixiert wurden. Siku konzipierte dieses Produkt wie auch die

Gerade in den ersten Jahren nach der Währungsreform gehören Pfennigartikel zu den begehrten und geschätzten Produkten, um Mädchen und Jungen eine Freude zu machen. Aus den anfangs noch zerbrechlichen Figuren sind bereits elastische Plastikfiguren geworden.

Auf dem Weg in die neue Wirklichkeit: Die späteren Figuren erhalten bereits eingesteckte Räder und können damit rollbar gemacht werden.

übrigen Produkte als typisches Geschenk für den Geburtstags- oder Weihnachtstisch. Das Konzept ging auf. Tatsächlich konnten 1954 für einen Kartonpreis von 4,75 DM gleich vier Autotypen je nach Belieben der Kinder zusammengesetzt werden.

Der Produktionsbetrieb bei Richard Sieper & Söhne in Lüdenscheid hatte sich nach den anfänglichen Unwuchten der Nachkriegsjahre zu Beginn der Fünfzigerjahre weitgehend entspannt. Man hatte enge Tuchfühlung mit dem Spielzeugmarkt aufgenommen und traf richtige Entscheidungen – auch im höherwertigen Preissegment. Nach dem Feuerwehrspritzenwagen, der ein durchschlagender Erfolg wurde, sollte die Nummer zwei der Großspielzeuge folgen. Mit der imposanten Länge von abermals 25 Zentimetern folgte ein moderner Rennwagen – stylisch, aerodynamisch, topaktuell. Und weil man sich auf zusätzlichen Nutzwert durch eindrucksvolle Spielfunktionen wie bei der Feuerwehr eingeschworen hatte, wollte man dem „Speed King“ amerikanischer Prägung die Verkaufsargumente Geschwindigkeit und Akustik mit auf den Weg geben. Neben einem kraftvollen Schwungradantrieb baute Siku eine lautstark heulende Sirene ein. Überdies sollte der Super-Rennwagen als Sommer- und Winterspielzeug funktionieren, indem die robus-

Geradezu kunstvoll ist nicht nur die Bewegung der Eiskunstläuferin, sondern die Figur selbst offenbart die kunstvolle Seite, der sich die Modellbauer von Siku zeitweise zuwenden.

Richard Sieper & Söhne gehörte zu den Gründungsmitgliedern der Nürnberger Messe und ist seither der großen internationalen Plattform für Spielzeug treu geblieben. In den Anfangsjahren ging die Präsentation nicht über eine überschaubare Messekoje hinaus.

ten Metallfelgen mit echter Gummibereifung ausgerüstet wurden.

Auf ihre „Edelfeder“ konnten sich Werner und Kurt Sieper mit Entwurfszeichner Waldemar Runde verlassen, der seit 1950 wieder in fester Auftragsarbeit stilsicher in der Darstellung von Menschen und Maschinen arbeitete. Runde suchte die Inspiration in Büchern und Zeitschriften und ging dann mit viel Fingerspitzengefühl zur Sache. Die fein gespitzten Blei- und Buntstifte auf seinem Schreibtisch hauchten präzise Linien auf das Papier – die Zeichnung des Rennwagens lag wenige Tage nach Auftragsbitte sorgfältig koloriert auf dem Tisch. Tatsächlich brachte das sogleich beauftragte 1:1-Holzmuster der Karosserie die klare aerodynamische Handschrift zum Ausdruck. „Hinsichtlich Schnittigkeit und vollendeter Stromlinienführung“, so die werbenden Worte, sollte er die Jungen begeistern. Dass das gelang, konnten die Lüdenscheider der Fokussierung auf die robuste Kunststoffkarosserie verdanken. Außerdem fiel bereits

Spielzeug bis zum Grundschulalter gehört in den Anfangsjahren zum Sortiment des Lüdenscheider Familienunternehmens. Darunter ein Sandspielset auf einer Blisterkarte mit dem ersten Siku-Markenzeichen und eine Schubkarre.

Während es reichlich Blechspielzeug gibt, präsentiert Siku bereits den Ausstellungswagen vollständig aus Kunststoff. Die Farbintensität überzeugt den Handel, weil damit mehr verkäuferische Impulskraft erreicht wird.

vor dem Formenbau die Entscheidung, die geschwungenen Kotflügel von der Basiskarosse zu separieren. Auf diese Weise ließ sich in der späteren Produktion die kontrastierende Bicolorgestaltung verwirklichen.

Die stromlinienförmige Karosserie spritzte Siku für die Messedebütanten 1952 vorzugsweise in karminrot, während die enzianblauen Kotflügel für einen augenfälligen Kontrast sorgten. Erst danach folgen die perlweiße und die enzianblaue Karosserie,

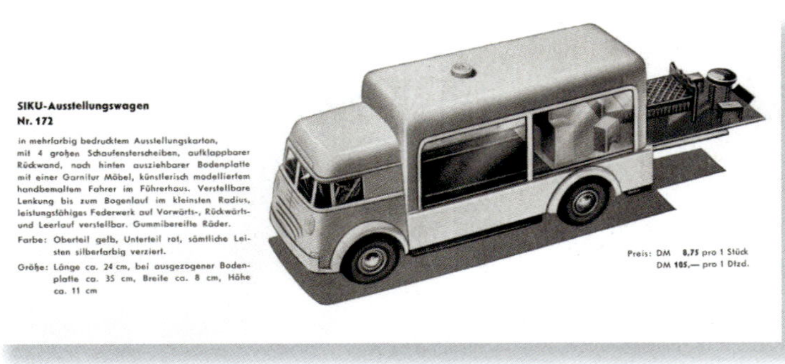

SIKU-Ausstellungswagen
Nr. 172

in mehrfarbig bedrucktem Ausstellungskarton, mit 4 großen Schaufensterscheiben, aufklappbarer Rückwand, nach hinten ausziehbarer Bodenplatte mit einer Garnitur Möbel, künstlerisch modelliertem handbemaltem Fahrer im Führerhaus. Verstellbare Lenkung bis zum Bogenlauf im kleinsten Radius, leistungsfähiges Federwerk auf Vorwärts-, Rückwärts- und Leerlauf verstellbar. Gummibereifte Räder.

Farbe: Oberteil gelb, Unterteil rot, sämtliche Leisten silberfarbig verziert.

Größe: Länge ca. 24 cm, bei ausgezogener Bodenplatte ca. 35 cm, Breite ca. 8 cm, Höhe ca. 11 cm

Preis: DM 8,75 pro 1 Stück
DM 105,— pro 1 Dtzd.

Natürlich verfügt der Siku-Ausstellungswagen über einen mechanischen Antrieb und eine bewegliche Lenkung.

Vier Karosserien, ein Antriebsfahrgestell – so geht Siku international in die Offensive. Um Nachahmer in ihre Schranken zu verweisen, melden die Lüdenscheider einen Gebrauchsmusterschutz auf das Produktquartett an.

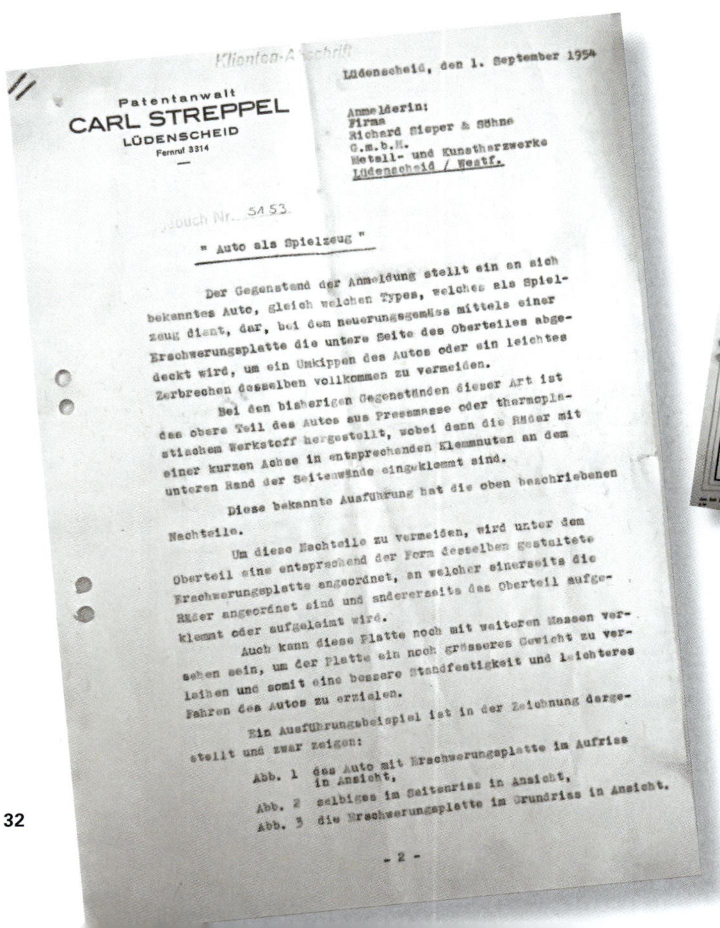

Klienten-Abschrift

Patentanwalt
CARL STREPPEL
LÜDENSCHEID
Fernruf 3314

Lüdenscheid, den 1. September 1954

Anmelderin:
Firma
Richard Sieper & Söhne
G.m.b.H.
Metall- und Kunstharzwerke
Lüdenscheid / Westf.

...buch Nr. 5153

" Auto als Spielzeug "

Der Gegenstand der Anmeldung stellt ein an sich bekanntes Auto, gleich welchen Types, welches als Spielzeug dient, dar, bei dem neuerungsgemäss mittels einer Erschwerungsplatte die untere Seite des Oberteiles abgedeckt wird, um ein Umkippen des Autos oder ein leichtes Zerbrechen desselben vollkommen zu vermeiden.

Bei den bisherigen Gegenständen dieser Art ist das obere Teil des Autos aus Pressmasse oder thermoplastischem Werkstoff hergestellt, wobei dann die Räder mit einer kurzen Achse in entsprechenden Klemmnuten an dem unteren Rand der Seitenwände eingeklemmt sind.

Diese bekannte Ausführung hat die oben beschriebenen Nachteile.

Um diese Nachteile zu vermeiden, wird unter dem Oberteil eine entsprechend der Form desselben gestaltete Erschwerungsplatte angeordnet, an welcher einerseits die Räder angeordnet sind und andererseits das Oberteil aufgeklemmt oder aufgeleimt wird.

Auch kann diese Platte noch mit weiteren Massen versehen sein, um der Platte ein noch grösseres Gewicht zu verleihen und somit eine bessere Standfestigkeit und leichteres Fahren des Autos zu erzielen.

Ein Ausführungsbeispiel ist in der Zeichnung dargestellt und zwar zeigen:

Abb. 1 das Auto mit Erschwerungsplatte im Aufriss in Ansicht,
Abb. 2 selbiges im Seitenriss in Ansicht,
Abb. 3 die Erschwerungsplatte im Grundriss in Ansicht.

- 2 -

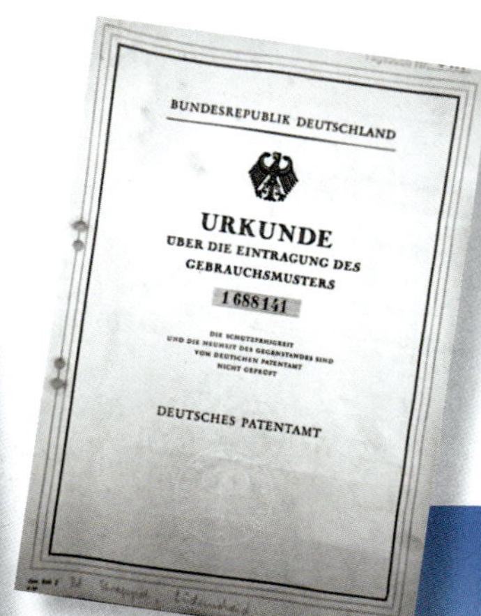

von der sich hellblaue bzw. karminrote Kotflügel absetzten. Unter der abnehmbaren Glaskanzel aus volltransparentem Kunststoff saß schließlich der handbemalte Fahrer. Der Schwungradantrieb erfolgte über ein Massegewicht, das an der Vorderachse platziert war. Mit aufheulender Sirene verschaffte sich das vorwärts preschende Siku-Auto auf dem Gehsteig Platz – Aufmerksamkeit, die sich die Jungen damals wünschten. Für das finale Finishing garantierte die Handbemalung die goldmetallicfarbene Gestaltung der Fahrzeugstirn sowie der umlaufenden Zierleisten. Und auch beim zweiten Großspielzeug setzten die Lüdenscheider auf das i-Tüpfelchen des Produkts: Ein farblich brillant gezeichneter Karton in Rundumbedruckung machte die Wertanmutung des Siku-Super-Rennwagens komplett – Künstler Waldemar Runde sei Dank.

Im gleichen Jahr wagte sich das Lüdenscheider Unternehmen mit neuen Einzelbausätzen an eine neue Marktoffensive. Die handlichen Boxen mit den Bauteilen von Pkw, Lkw, Schlepper, Hubschrauber, Flugzeug und Kreuzfahrtschiff fanden auf der Nürnberger Spielwarenmesse das Gefallen der Händler, boten sie doch ein attraktives Spielerlebnis für einen überschaubaren Preis von einer Mark. „Ein Schlager, der sich von

Für den Inlandsverkauf verzichtet Siku beim Verkaufskarton auf viele Worte, setzt lieber auf die Überzeugungskraft der gezeichneten Verkehrswelt.

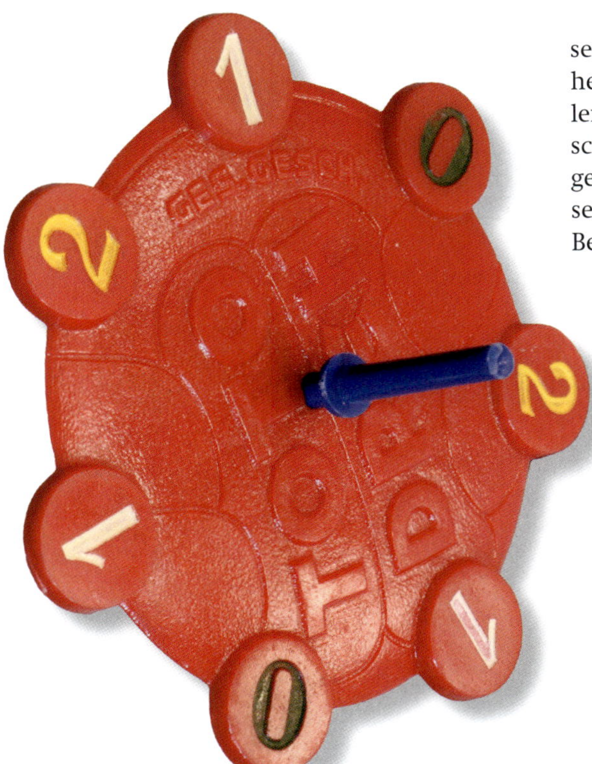

selbst verkauft", warb Siku auf seinem Neuheitenblatt euphorisch. Den konzeptionellen Vorteil hatten die Lüdenscheider Macher schnell beschrieben: „Entsprechend den beigefügten Montageanweisungen können diese Modelle ohne Verwendung von Hilfs- und Befestigungsmitteln von jedem Kind leicht und schnell zusammengesetzt und wieder auseinandergenommen werden, sodass sich die gleiche Spielmöglichkeit immer wieder von neuem ergibt." Dass die Modelle überdies lehrreich waren und technisches Verständnis förderten, erklärte den Spielwert. Immerhin waren die Räder der Autos beweglich, die

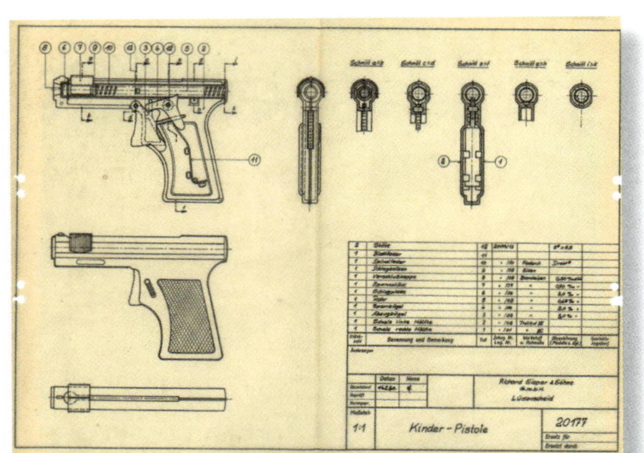

Tischkreisel und Plastikpistole gehören ebenfalls zum frühen Spielzeugsortiment aus Lüdenscheider Produktion.

Propeller von Flugzeug und Hubschrauber ließen sich drehen und das Schiff konnte wunschgemäß in der Badewanne zu Wasser gelassen werden.

Zwischenzeitlich hatte sich Siku einen guten Namen im Handel gemacht. Es gelang in wenigen Jahren, sich als Experte für Kunststoffspielzeug zu profilieren. Zu den Großmodellen zählte zwischenzeitlich der Siku-Ausstellungswagen. Der gelbe Lkw hatte einen Kofferaufbau mit flankenseitigen Scheiben, durch die das ausgestellte Wohnzimmer zu sehen war. Diese Art von Ausstellungsfahrzeugen fuhr in den Fünfzigerjahren allerorts durch die Lande, um die Produkte mangels stationären Vertriebspartnern mit Ladengeschäften an die Frau oder den Mann zu bringen. Schon deshalb hatte Siku ein aktuelles Thema jener Nachkriegsjahre aufgegriffen und für Kinderhände erfahrbar gemacht. Als Siku dann 1955 das formalästhetisch wohl schönstes Großspielzeug vorstellte, war der Weg von Siku in die Spielwarenbranche längst bereitet. Der Artikel mit der Nummer 190 sollte als Siku-Porsche mit Schaumotor das vorerst letzte Produkt der 1951 begründeten Spielzeugreihe sein. In der Zwischenzeit arbeitete der Werkzeugbau von Richard Sieper & Söhne bereits seit 1954 mit Hochdruck daran, das ambitionierte Sortiment von Plastikmo-

Windschnittig und dank eingebauter Sirene unüberhörbar rollt der Super-Rennwagen über den Zimmerboden. Er zählt zu den wenigen großen Spielzeugmodellen, die unter Siku-Namen für wichtige Verkaufserfolge sorgen.

Mit dem Clownsgesicht kann der ausgeworfene Metallring auf der langen Nasenspitze wieder eingefangen werden (o.). Die Siku-Ping-Pong-Kanone (u.) garantiert den Spaß am Küchentisch, wenn die Tischtennisbälle in die Höhe geschossen werden.

dellen im Maßstab 1:60 entsprechend den eng gesteckten Auslieferungsterminen zu ergänzen. Dass das Lüdenscheider Unternehmen gerade das Zuffenhausener Urmodell wählte, geschah aus gutem Grund. Der Sportwagen, der unter der Führung von Ferry Porsche entwickelt worden und 1948 in Serie gegangen war, erfuhr in Deutschland innerhalb weniger Produktionsjahre eine ungeheure Popularität. Seine Ästhetik, seine elegant-sportliche Coupé-Ausführung machten den Porsche 356 schon als Urmodell mit der geteilten Frontscheibe zum Liebling des autobegeisterten Nachkriegsdeutschlands. Siku wollte einen sichtbaren Zusatznutzen und den Porsche 356 mit dem heckseitigen Schaumotor ausstatten. Deshalb entschloss man sich zur Kooperation mit einem Wettbewerber. Der Schaumotor als

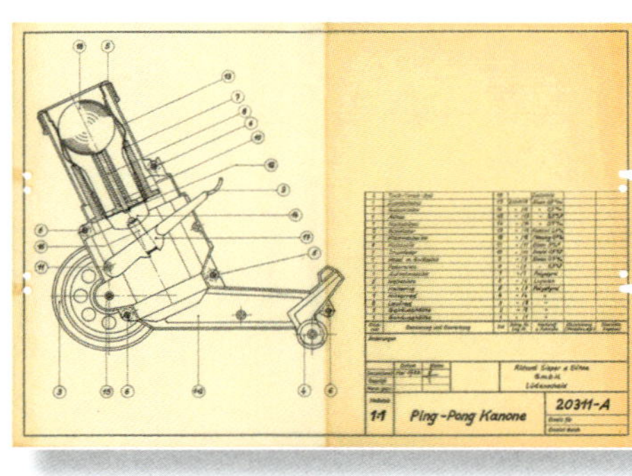

SIKU-Ping-Pong-Kanone
Nr. 171
in buntem Einzelkarton
mit zwei Ping-Pong-Bällen.

Eine fahrbare Kanone aus Plastik in bunten Farben. In die Mündung wird ein Ping-Pong-Ball eingelegt, der durch Drücken des Abzugshebels einige Meter weit fliegt. Ein Spielzeug, das für Kinder in jedem Lebensalter absolut ungefährlich ist und mit dem keine Beschädigungen oder Verletzungen verursacht werden können.
Größe: Länge ca. 20 cm, Höhe ca. 17 cm, Breite ca. 8,5 cm
Preis: DM **5,75** pro 1 Stück
DM **69,—** pro 1 Dtzd.

SIKU-Förderband

Nr. 155

in mehrfarbig bedrucktem Einzelkarton.
Ein Förderband zum Beladen von Eisenbahnwagen etc. Bewegung des Förderbandes (Gummibelag) durch Handkurbel. Verstellbar auf drei verschiedene Höhen. Hergestellt aus hochwertigem, fast unzerbrechlichem Azetat (Farbe gelb). Das Förderband ist mit zwei beweglichen Rädern und Anhängevorrichtung versehen.
Größe: Länge ca. 14,5 cm, Höhe 6 cm, Breite 4 cm.

Preis: DM **1,25** pro 1 Stück, DM **15,—** pro 1 Dtzd.

Immer näher rücken die Siku-Produkte in den Fünfzigerjahren an die Alltagswelt der Kinder und stellen wie beim Förderband Miniaturisierungen von Vorbildgerätschaften dar. Diese werden dann mit Funktionen zum Leben erweckt.

Zusatznutzen passte genau in die Zeit, weil die Technikbegeisterung der Jungen im Land unübersehbar war. Die Nürnberger Firma Gescha als traditioneller Hersteller von Blechspielzeug hatte bereits 1953 den „Gläsernen Motor“ vorgestellt und sich patentrechtliche Schutzrechte gesichert. Gescha-Inhaber und Spielzeugkonstrukteur Max Schmid gab auf Siku-Nachfrage grünes Licht, sodass die Lüdenscheider den Boxer-Motor des Porsche 356 nach dem Gescha-Prinzip im Heck einbauen konnten. Einzige Bedingung: Auf allen Produkten musste der Hinweis mit „Gescha Lizenz“ angebracht werden.

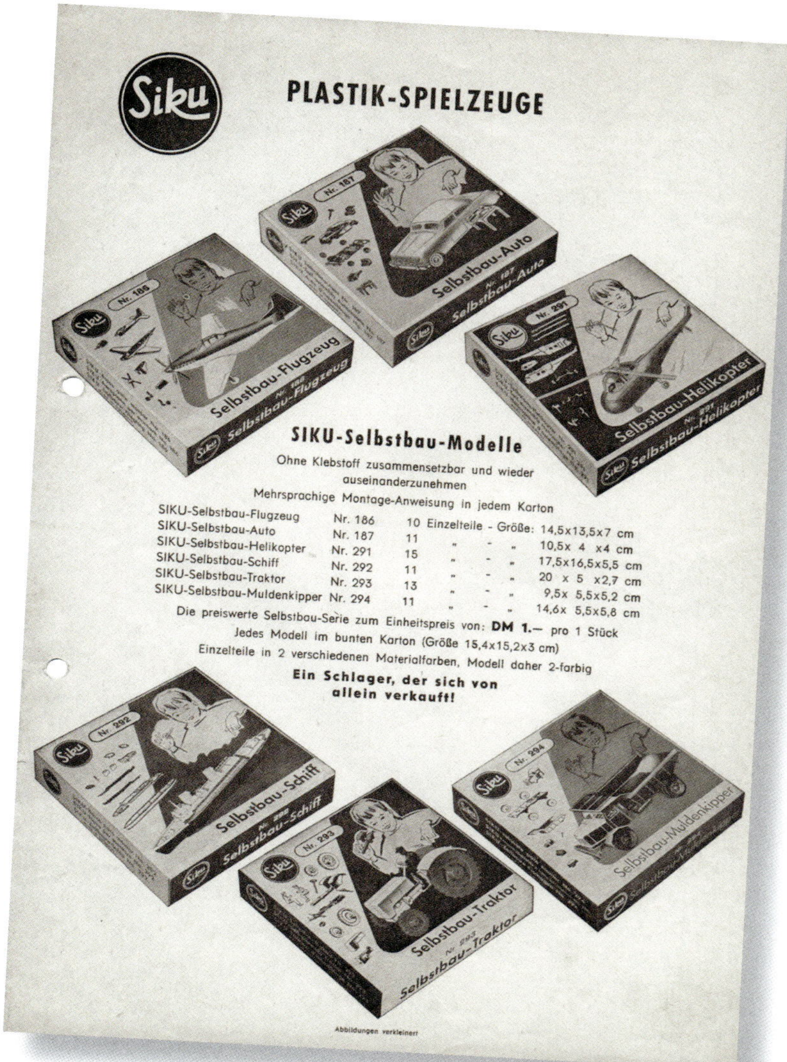

Siku

PLASTIK-SPIELZEUGE

SIKU-Selbstbau-Modelle

Ohne Klebstoff zusammensetzbar und wieder auseinanderzunehmen

Mehrsprachige Montage-Anweisung in jedem Karton

SIKU-Selbstbau-Flugzeug	Nr. 186	10	Einzelteile - Größe:	14,5x13,5x7 cm
SIKU-Selbstbau-Auto	Nr. 187	11	" - "	10,5x 4 x4 cm
SIKU-Selbstbau-Helikopter	Nr. 291	15	" - "	17,5x16,5x5,5 cm
SIKU-Selbstbau-Schiff	Nr. 292	11	" - "	20 x 5 x2,7 cm
SIKU-Selbstbau-Traktor	Nr. 293	13	" - "	9,5x 5,5x5,2 cm
SIKU-Selbstbau-Muldenkipper	Nr. 294	11	" - "	14,6x 5,5x5,8 cm

Die preiswerte Selbstbau-Serie zum Einheitspreis von: **DM 1.–** pro 1 Stück

Jedes Modell im bunten Karton (Größe 15,4x15,2x3 cm)

Einzelteile in 2 verschiedenen Materialfarben, Modell daher 2-farbig

Ein Schlager, der sich von allein verkauft!

Abbildungen verkleinert

1958 war für Siku abermals die Zeit gekommen, etwas Neues anzugehen. Zu diesem Zeitpunkt ging die Entwicklung des Verkehrsprogramms durch erfreulichen Listungszuwachs in den Geschäften in Deutschland voran – der regelmäßige Dialog mit dem Handel garantierte überdies für ein funktionstüchtiges Vertriebsnetz. Sich nach dem Autoverkehr ergänzend den Flugzeugen anzunehmen, lag auf der Hand. Angesichts des wachsenden Interesses der Menschen an der zivilen Luftfahrt hatten andere Spielzeuganbieter Einzelmodelle mit Erfolg lanciert – zumeist

SIKU-Sportwagen mit Schaumotor (Gescha-Lizenz)
Nr. 190
In bunt bedrucktem Einzelkarton.
Größe des Wagens: 25 cm lang, 15 cm breit, 8 cm hoch.
Größe des herausnehmbaren Schaumotors: 6,5 x 5 x 5 cm.
Farbe: metallisch wirkendes Grün mit silberfarbigen Leisten verziert.
Preis: DM **8,75** pro 1 Stück
DM **105,—** pro 1 Dtzd.

Ein schnittiger Sportwagen mit leistungsfähigem Schwungradantrieb. Am Heck des Wagens befindet sich eine abnehmbare transparente Motorhaube, die einen herausnehmbaren Schaumotor freilegt. Dieser Schaumotor demonstriert einen 4-Zylinder-4-Takt-Vergasermotor. Gehäuse glasklar, sämtliche anderen Teile bunt, so daß die Bewegungen des Motors deutlich sichtbar sind. Durch Betätigung des Schwungradantriebes wird der Lauf auf das Differentialrad und damit auf die Kurbelwelle übertragen. Die Bewegung der Kolben in den Zylindern wird dadurch deutlich sichtbar. Die Antriebscheibe der Kurbelwelle betätigt den Ventilator. Zündleitung, Zündspule und Luftfilter werden demonstriert.

Der Porsche 356 mit Schaumotor zählt zu den schönsten Großmodellen, die Siku in den Fünfzigerjahren entstehen lässt. Werner und Kurt Sieper verhandeln eine Lizenz über die Nutzung des transparenten Motors nach Gescha-Prinzip. Der wird über ein verbundenes Zahnrad an der Hinterachse in Bewegung gesetzt.

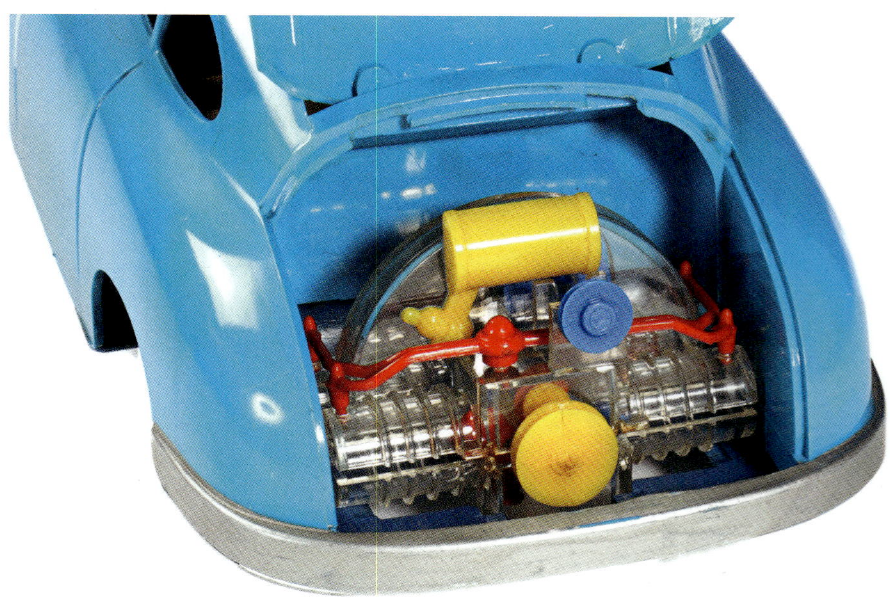

blieb es dort bei Großspielzeugen einzelner Verkehrsflugzeuge. Sikus Produktidee ging deutlich weiter und umfasste eine in sich geschlossene Modellwelt von Flugzeugen im Maßstab 1:250.

Was das bedeutete, konnte der Fachhandel auf der Nürnberger Spielwarenmesse 1959 erleben. Bereits im Januar-Schreiben an alle Fachhändler eröffnete der Lüdenscheider Modellbauer sein Vorhaben. Mit der Schlagzeile „Eine besondere Überraschung“ kündigte Sieper auf dem Messestand im Wieselerhaus ein „Sonderprogramm“ an, das „in ähnlicher Ausstattung, Wiedergabe und Preislage“ für die gleichen Verkaufsmöglichkeiten wie bei den Verkehrsmodellen sorgen sollte. Und das „bei geringem Raumbedarf“. Die Händler erwartete in Nürnberg ein dementsprechend eindrucksvolles Diorama, das schon optische Überzeugungsarbeit leistete. Dass die Spielzeugmacher von Siku aus Westfalen, die inzwischen branchenweit einen guten Ruf ge-

Formalästhetisch gelungen präsentiert Siku 1955 mit dem Porsche 356 ein schlüssiges Spielzeug mit gläsernem Funktionsmotor. Der Karton mit dem unverwechselbaren Siku-Zeichen auf den Laschen wirkt dank seiner Farbintensität verkaufsunterstützend.

Das neue Flugzeugsortiment profitiert vom Luftfahrttrend der Fünfzigerjahre. Die Boeing B-52 Stratofortress ist als US-amerikanischer Langstreckenbomber im kalten Krieg unverzichtbar.

Typisch Siku: 1959 startet Siku mit dem Luftfahrtprogramm und schafft damit eine maßstabsgetreue Welt für Freunde der Fliegerei. Doch angesichts der Konzentration auf die Verkehrsmodelle läuft das Sortiment 1966 wieder aus.

nießen durften, das Thema mit ganzem Herzen angingen, erkannten die Händler schon daran, weil neben den 20 Flugzeugmodellen innerhalb kürzester Zeit auch ein Flugplatzplan mit Airport-Gebäude, Radarturm, Fahrzeughalle sowie zwei Hangars unterschiedlicher Größe, aber auch Mini-Tankwagen und Sanitätswagen in 1:250-facher Miniaturisierung erhältlich waren. Sowohl die topmodernen Düsenflugzeuge, die die Luftfahrt in jenen Jahren revolutionierten, als auch die angestammten Propellermaschinen unterschiedlicher Größen zählten dazu. So nahm die immerhin 18 Zentimeter lange Boeing 707 in den Farben von Pan Am eine herausragende Position als Platzhalter für die interkontinentale Luftfahrt ein. Demgegenüber stand die Lockheed L 1649 A „Super-Star-Constellation“, deren Vorbild bei Lufthansa damals die internationalen Destinationen bediente. Bei der Premiere waren auch die russische Tupolew Tu-104 oder die Douglas DC-7 „Seven Seas“ mit dabei. Dass die 1:250-Maßstabswelt reizvoll ausfiel, zeigte der Größenkontrast zur gerade mal 3,9 Zentimeter langen Dornier Do 27 oder zur Cessna 310, die es auf eine Modelllänge von nur 3,3 Zentimetern brachte. Der legendäre Sikorsky S-58 in den Farben der belgischen Sabena durfte schon deshalb nicht fehlen, weil mit dieser Maschine seinerzeit der Flugbetrieb am kleinen Dortmunder Airport aufgenommen wurde – eine gute halbe Stunde vom Siku-Stammsitz Lüdenscheid entfernt. Doch die Autobegeisterung in der Bundesrepublik der Wirtschaftswunderjahre sollte alle Themen in den Schatten stellen. 1966 ließ Siku das Flugzeugprogramm nach Jahren ständiger Aktualisierung auslaufen, auch weil die begrenzten Produktionskapazitäten und die notwendige Konzentration auf die Zinkdruckgussserie diese Entscheidung unabwendbar machten.

In den späten Achtzigerjahren gibt es noch einmal ein Wiedersehen mit der Luftfahrt. Die Flugzeuge aus Zinkdruckguss besitzen allerdings nur eine kurze Verweildauer am Markt.

An alles ist gedacht, als Siku die Welt der Flugzeuge aus der Taufe hebt. Sogar die Flughafengebäude – wie hier der Hangar – zählen dazu. Die Flugzeuge finden sich bereits in der individuellen Gestaltung der verschiedenen Airlines wieder.

2

Ein Sortiment mit über 400 Produkten

Verkehrsmodelle aus Plastik mit bahnbrechender Kraft

Der Siku-Prospekt von 1960 kündet vom Gemeinschaftserlebnis von Vater und Sohn beim Spiel mit den Verkehrsmodellen aus Kunststoff. Der Hanomag-Schlepper V182 zählte zu den späten Modellen.

Wie lässt sich das Unternehmen Richard Sieper & Söhne noch stärker im Spielwarenmarkt verankern? Mit dieser Schlüsselfrage beschäftigten sich die Lüdenscheider Kurt und Werner Sieper spätestens, seitdem aus den ersten Achtungserfolgen im Spielzeugverkauf veritable Verkaufszahlen wurden. Erkennbar war, dass man mit den Kunststoffspielzeugen und insbesondere den Großmodellen den Nerv von Händler und Kunden getroffen hatte.
Während rings herum noch Blechspielzeuge das Angebot in den Spielwarentresen und -regalen füllten, konnten die Siku-Spielzeuge durch ihre Haptik und die Strahlkraft ihrer Kunststoffbauteile überzeugen. Ganz gleich, ob Feuerwehrspritzenwagen, Amphibienfahrzeug oder Ausstellungswagen, alle hoben sich sympathisch von ähnlichen Wettbewerbsprodukten ab. Bereits zu Beginn der Fünfzigerjahre war deutlich geworden, dass Spielzeugthemen rund ums Auto zünden sollten. Doch mit den Großmodellen war auf absehbare Zeit nur begrenztes Wachstum möglich, weil viele Anbieter im Wettbewerb auf Größe und maximales Preisvolumen setzten.

Der Henschel-Frontlenker zieht sowohl den Pritschenauflieger als auch den Strüver-Tankauflieger. Das Sortiment mit DKW und Gabelstapler gestaltet sich gleich nach dem Programmstart facettenreich. Die Produkte fanden sogar im Farbdruck gestalterischen Widerhall auf dem Schuletui (u.).

Mehrmals im Jahr überrascht Siku den Handel mit Neuheiten. Dementsprechend steht ein Verkaufsdisplay bereit, das die Newcomer präsentieren soll.

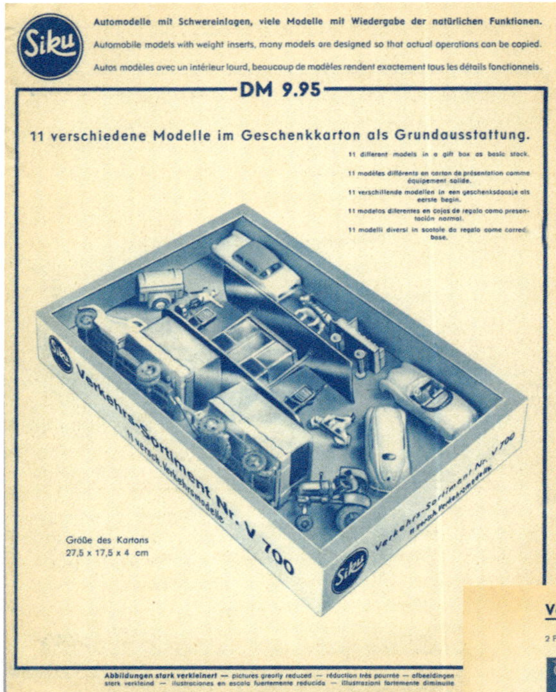
Automodelle mit Schwereinlagen, viele Modelle mit Wiedergabe der natürlichen Funktionen.
Automobile models with weight inserts, many models are designed so that actual operations can be copied.
Autos modèles avec un intérieur lourd, beaucoup de modèles rendent exactement tous les détails fonctionnels.

DM 9.95

11 verschiedene Modelle im Geschenkkarton als Grundausstattung.

11 different models in a gift box as basic stock.

11 modèles différents en carton de présentation comme équipement solide.

11 verschillende modellen in een geschenksdoosje als eerste begin.

11 modelos diferentes en cajas de regalo como presentación normal.

11 modelli diversi in scatole da regalo come corred. base.

Größe des Kartons
27,5 x 17,5 x 4 cm

Abbildungen stark verkleinert — pictures greatly reduced — réduction très pourrée — afbeeldingen stark verkleind — ilustraciones en escala fuertemente reducida — illustrazioni fortemente diminuite

Verkehrsplan III V 652 **DM 1.—** pro 1 Stück

Doppelseitig bunt bedruckt, Größe 75 x 55 cm.
2 Pläne, Vorder- und Rückseite aneinandergelegt, ergeben ein Panorama 110 x 75 cm.

Vorderseite Rückseite

Mit Nummern bezeichnete Felder kennzeichnen Aufstellmöglichkeiten für Gebäude, Bäume, Verkehrseinrichtungen usw.

Dieser neue Plan V 652 ersetzt die bisherigen Verkehrspläne V 555 und V 639, die nicht mehr geliefert werden können, da wir Sie und auch uns nicht mit drei Plänen belasten wollen. Der neue Plan gibt gute Spiel- und Dekorationsmöglichkeiten mit einem modernen Kreisverkehr; er kann mit wenigen Gebäuden aufgebaut werden. — Ausstattung nur noch mit vollplastischen Bäumen, Hecken usw.

Dekorations-Kollektion Straßenverkehr V 800

DM 50.85

ohne Fahrzeug-Modelle

(alle Teile formlos verpackt)

Eine Schaufenster- oder Ladendekoration mit SIKU-Verkehrsmodellen bildet einen Blickpunkt und steigert die Verkaufs-Ergebnisse. Als Unterlage dient der Verkehrsplan V 652 (2 Pläne, Vorder- und Rückseite aneinandergelegt). Darauf werden in mit Nummern gekennzeichnete Felder Gebäude, Verkehrszeichen und sonstige Verkehrseinrichtungen aufgestellt. Auf Straßen und Bürgersteige können die neuesten und besten Fahrzeugmodelle und Verkehrsteilnehmer nach Belieben eingesetzt werden. Um den raschen Aufbau einer Dekoration zu ermöglichen, liefern wir Pläne und Gebäude, Verkehrszeichen, Verkehrseinrichtungen, Bäume, Zäune usw., die als feste Teile auf die Pläne gehören, als Dekorationskollektion. – Nach dem Abbau sind alle Teile wieder verkaufsfähig.

Die Nummern V 177 = Henschel Scraper und F 32a = Breguet-1150 „Atlantic" können 1961 nicht mehr geliefert werden, da Konstruktionsänderungen bzw. fehlende technische Einzelheiten eine Fertigstellung der Modellwerkzeuge nicht erlaubten.

Bestelllisten immer dabei: Die Handelsvertreter bieten das gesamte Sortiment der Verkehrsmodelle an, als sie in den Fünfzigerjahren ihre Kunden besuchen.

Idealerweise sollte ein Siku-Systemspielzeug geschaffen werden, das im Handel dauerhaften Sortimentscharakter entwickeln konnte. Es sollte beliebig erweiterbar sein und gegenseitig ergänzt werden können. Dazu sollten noch die modellbauerischen Stärken berücksichtigt werden, die Richard Sieper & Söhne mit den Zugabeartikeln bewiesen hatten. Am 1. März 1954 war es so weit: Der Rollout eines Verkehrsmodell-Sortiments für den Handel konnte endlich starten, nachdem an der Schlittenbacher Straße ein wirklicher Kraftakt unternommen worden war. In einem Brief an die zahlreichen Handelskunden stellte Siku das neue Programm der Verkehrsmodelle dem Fachhandel vor. Tatsächlich wurde es vielerorts als wirkliche Überraschung gewertet. Es sollte sich fortan alles um die facettenreiche Verkehrswelt im Maßstab 1:60 drehen.

Nachdem man bereits im Jahr 1953 mit Außendienstmitarbeitern und Händlern intensive Diskussionen geführt hatte, stand die Vorgehensweise fest: Zum einen wollte man Wiking-Modellbau mit dem ähnlichen Sortiment im „angenäherten Maßstab 1:90" nicht ins Gehege kommen, zum anderen erschien der ausländische Maßstabseinfluss von 1:43 als wenig marktgerecht und zu groß. „Ein

Reizvoll und handbemalt: Die Figurenwelt von Siku spart nicht mit Schmunzlern, wenn das Mädchen der Oma die Gießkanne überschüttet.

FAHRKULTUR Das Ding des Monats

90 2.8 -2..1..0..1..+2 158 M

EIN MUSTERKOFFER VON SIKU

Sammlerstücke und ihre oft ungewöhnliche Geschichte. Dieses Mal öffnet sich ein Koffer aus Presspappe, der das gesamte Sortiment einer aufstrebenden Spielzeugmarke enthält

Irgendwo in München liegt ein abgewetzter Koffer, Presspappe, 15 kg schwer. Am Henkel, mit Paketschnur verknotet, baumelt ein Schlüssel. Der Koffer ist ein Relikt aus den Wirtschaftswunderjahren. Es sind die Jahre der Heckflossen und Nierentische, vor allem aber der harten Arbeit. Tausende Male wurde dieser Koffer in den 50er-Jahren geöffnet und geschlossen, von Fachhändlern begutachtet und durch ganz Bayern geschleppt. Wahrscheinlich reiste er in einem mattgrauen VW Standard-Käfer, dem typischen Handelsvertreter-Auto jener Zeit. Er enthält die nahezu vollständige „Plastik-V-Serie“ von Siku ab 1954, hergestellt aus dem durchgefärbten BASF-Kunststoff Polystyrol. Falls sie solvente Eltern hatten, bauten Nachkriegskinder daraus ganze Städte.

Im Deckel klemmen vier Karten, auf die 79 Verkehrszeichen und 31 Figuren aufgenäht sind. In der oberen Etage des großen Koffers stecken 33 Autos, ein Büdchen, das einem Siku-Buch zufolge einem Kiosk am „Lüdenscheider Stern“ nachempfunden sein soll, sowie ein zauberhafter Lebensmittelladen, in dessen drei Schaufenstern Obst, Gemüse und Konserven ausliegen. An dessen Eingang ist eine bewegliche Drehtür, auf der Rückseite eine winzige Verladerampe. In der unteren Etage kauern eine Tankstelle, ein Tanklastwagen mit Strüver-Schriftzug, ein Hauszelt für vier Personen und ein himmelblauer Borgward Hansa mit auf dem Dach festgezurrten Skiern.

Der große Erfolg des Lüdenscheider Unternehmens beginnt allerdings erst in den 60ern. Siku stellt auf Zinkgussmodelle um – und auf den Verkauf aus dem Katalog. Musterkoffer aus Presspappe kommen aus der Mode. Heute sollen noch drei existieren. Irgendwo.

Margret Meincken

HINTER DER GESCHICHTE

Arbeiterinnen der Sieper-Werke in Lüdenscheid 1939

Karger Siku-Stand auf der Nürnberger Spielwarenmesse 1951

Reichtum im Kinderzimmer: eine Stadt aus Siku-Miniaturen

Siku-Selbstbau-Auto aus Polystyrol, frühe 60er-Jahre

Erfolgsmodelle: Produktion der neuen Zinkguss-Autos ab 1963

FOTOS: HERSTELLER (8), S. BALDVINSSON (3), M. MEINERS, W. SCHUMACHER

UND IHR **SAMMLERSTÜCK?**

Haben auch Sie ein Sammlerstück mit erzählenswerter Geschichte? Schreiben Sie uns, und fügen Sie ein paar Fotos bei. Bitte keine Gegenstände einschicken!

AUTO BILD KLASSIK
Brieffach 5510,
20350 Hamburg
Fax: 0 18 05-01 52 96
E-Mail: klassik@autobild.de
Stichwort: Ding des Monats

164 www.autobild-klassik.de | Nr. 2/2017

www.autobild-klassik.de | Nr. 2/2017 165

Der Siku-Vertreterkoffer – auf zwei Lagen entstehen Kinderträume. Es darf damals an keinem Detail fehlen. Die Sortimentspflege der zahlreichen Einzelteile erweist sich als komplex, wenn im Beisein des Händlers die einzelnen Bestelllisten durchgegangen werden. Die AutoBild berichtete 2017, nachdem ihr die Entdeckung des Originals gelungen war.

Modell im Maßstab 1:60 gestattet die genaue Ausarbeitung sämtlicher Feinheiten und Einzelheiten. Bei einem größeren Maßstab ließen sich die Ansprüche, die wir an diese Modelle hinsichtlich der Gravuren und Ausarbeitungen stellen, nicht verwirklichen. Auch wollen wir mit diesem Maßstab einen deutlichen Unterschied zwischen Spielwaren und Zugabeartikeln machen. Auch das kleinste Modell muss noch eine Größe haben, sodass es als ein Spielzeug anzusprechen ist und nicht mit primitiven Massenartikeln verwechselt werden kann, wie sie z. Zt. im Zugabewesen üblich sind.“ Damit begründete die Firma Richard Sieper & Söhne ihre künftige Siku-Philosophie – ein Staunen ging durch die Händlerschaft. Denn in Fachhandelskreisen hatte man den wachsenden Markterfolg der damals noch unverglasten Wiking-Autos durchaus vor Augen. Im Sommer 1954 sollte also eine neue, größenmäßig kaum kompatible Verkehrswelt entstehen. Die richtungsweisende Maßstabsentscheidung zugunsten der 60-fachen Verkleinerung bei gleichzeitiger Abkehr vom H0-Maßstab der zeitgleich wachsenden Modelleisenbahner-Gemeinde sollte anfangs ein Wagnis bleiben. Die Siku-Überzeugung vom eigenen Marktengagement ließ Zweifler alsbald verstummen. Innerhalb der ersten Programmjahre versprach Siku immerhin 160 Produkte – die Verkehrswelt in 1:60 erhielt innerhalb weniger Monate ein konkret erlebbares Gesicht. Und anders als Wiking

Zwei Verkehrspläne sorgen für Spiel- und Sammelspaß gleichermaßen. Auf der farbenfrohen Grundfläche mit den genauen Platzierungshinweisen für die einzelnen Verkehrszeichen spielt sich die Verkehrswelt in der 60-fachen Verkleinerung ab.

Ein mächtiger Kipper: Der Berliet mit Großmulde gilt als Fahrzeuggigant im Siku-Programm.

VW Bulli, Goliath Dreirad und Opel Blitz bürgten ebenso für Alltagsnähe wie DKW Schnellaster, Ford FK 1000 oder Mercedes Benz L 3500 mit beweglicher Pritsche. Was die autobegeisterten Jungen zu den Ladentresen zog, erschien dem flächendeckendem Großhandel, der seinerzeit den Brückenschlag zu den kleinen, örtlichen Händlern vollzog, anfangs eher hinderlich. Gerade die außer-

war Siku auch: Die Autos waren größer und erschienen durch eine Verglasung schlichtweg authentischer als das, was seinerzeit die Berliner Modellbauwerkstätten unter der Ägide ihres Gründers Friedrich Peltzer zu bieten hatten.

Im 1955er-Katalog fanden sich 55 Automodelle, mehr als 70 Zubehörteile und weit über 120 Verkehrszeichen wieder. 34 schwungvolle Prospektseiten hielten die Händler mit samt Bestellschein in den Händen. Das alles brachte den Lüdenscheider Modellbauern Respekt ein – im Handel und im Wettbewerb gleichermaßen. Allenfalls den Modelleisenbahnanbietern gelang eine ähnlich große Artikelvielfalt, wenngleich mit deutlich längerem Entwicklungsvorlauf. Goggomobil, Borgward Hansa 1500, aber auch der „Barockengel“ BMW 501 sowie einige Lastwagen zählten dazu.

Verpackung als Kunststoff-Garage – schlau gemacht. So gelangen die Pkw allesamt in dankbare Kinderhände.

Der Blick von oben macht die Spielwelt spannend: Der Löschzug steht bereit, genauso wie Krankenwagen und Polizeifahrzeuge. Den Verletzten transportieren unterdessen die Rettungssanitäter auf der Trage ab.

gewöhnliche Sortimentsvielfalt bedeutete für die Spielzeuggrossisten in den Regionen großes Bevorratungsbemühen. So ging der Siku-Verkauf geschickt in die Offensive. Mit vier Neuheiten-Auslieferungen pro Jahr lief das Unternehmen keine ernsthafte Gefahr, den einzelnen angeschriebenen Händlern in seiner Order zu überfordern. Zugleich half der direkte Kontakt, dem Großhandel ein Schnippchen zu schlagen, um in den direkten Dialog zu treten.

Einen weiteren, nicht zu unterschätzenden Vorteil besaß die quartalsweise Auslieferung außerdem. Die zeitlich entzerrten Neuprodukte konnten auf diese Weise besser der Kapazitätsgestaltung und -auslastung in der Produktion am Stammsitz angepasst werden. Die Ausarbeitung der neuen Modelle beeindruckte: Glasklare Autofenster mit Blick aufs Interieur, Fahrgestelle mit feinen Gravuren, eingesetzte Lenkräder, aber auch eine händische Kolorierung von Kühlergrill

Die Verkehrspolizisten eignen sich ...

... um die Verkehrswelt noch besser zu verstehen ...

Auf Basis des Ponton-Mercedes-Benz entsteht der erste Siku-Krankenwagen. Die fürsorgliche Krankenschwester und der Arzt dürfen nicht fehlen.

... und geben freie Fahrt.

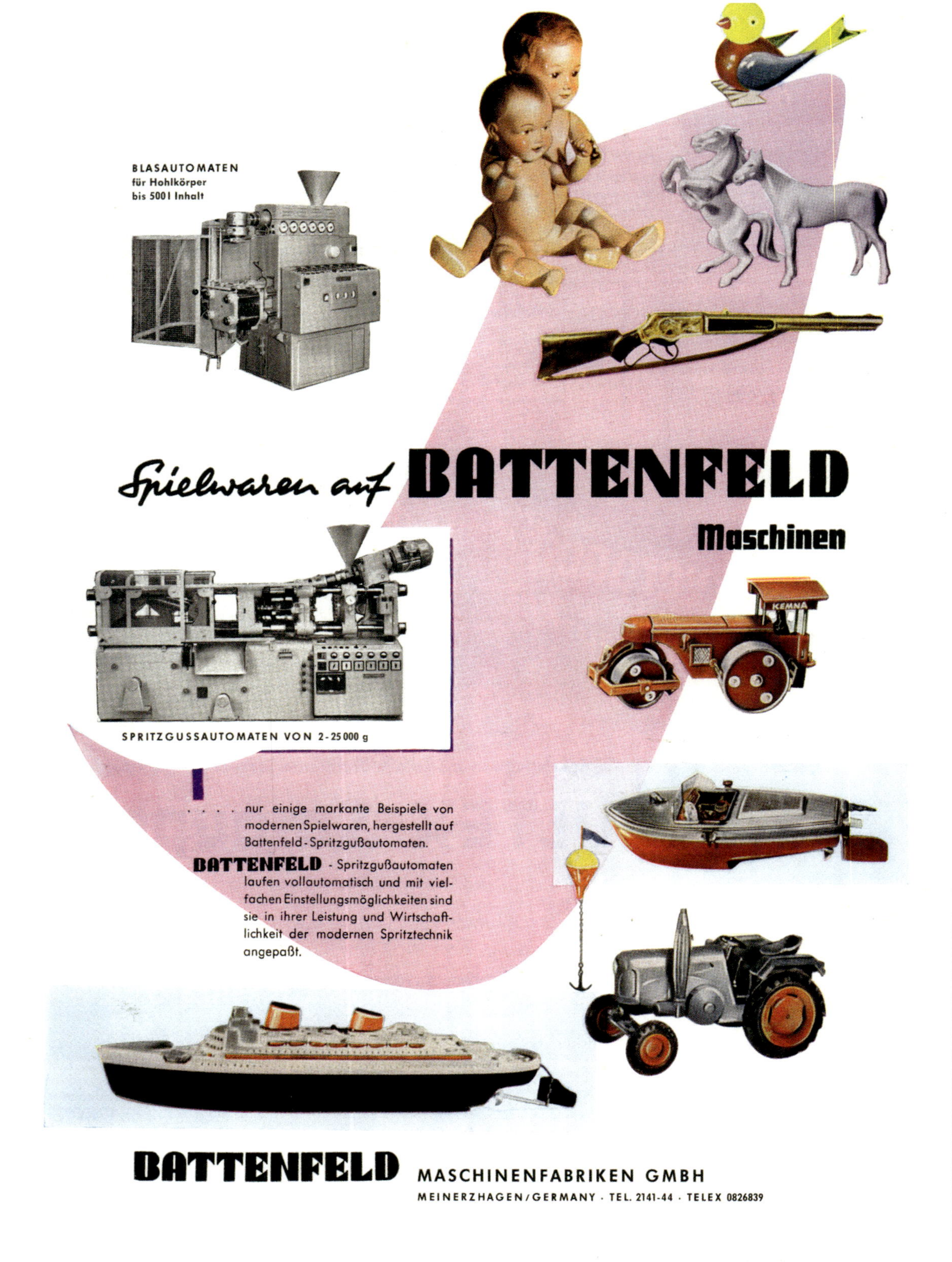

Unweit von Lüdenscheid sitzt das Maschinenbauunternehmen Battenfeld, das die neuen Spritzgussautomaten an Richard Sieper & Söhne liefert. Gern macht Battenfeld im Mix seiner Kunden zeitgenössische Werbung mit der Siku-Straßenwalze aus dem Verkehrsmodellprogramm.

Menck-Bagger, aber auch Magirus Müllwagen und natürlich der VW Transporter der ersten Generation dürfen im Programm nicht fehlen.

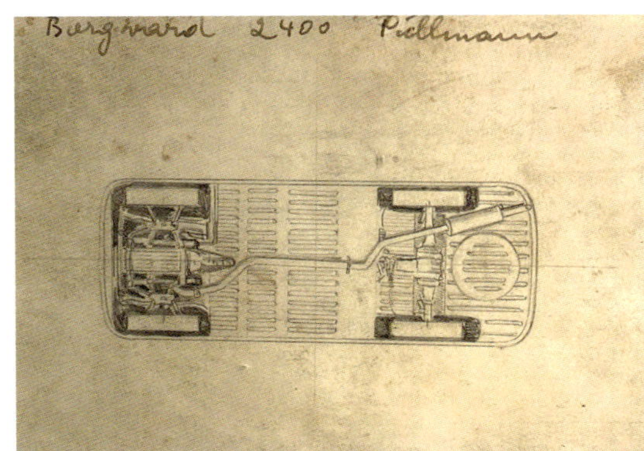

Damit die Graveure ganze Arbeit leisten können, erhält jedes Modell gleich mehrere Zeichnungen, um die Vorbildtreue beim Fahrgestell zu gewährleisten.

und Zierrat gehörten von Anfang an zur Standardausstattung. Um die Wertanmutung der leichten Kunststoffmodelle zu beflügeln, erhielten alle Pkw-Modelle mit einer innen befestigten, von außen aber nicht sichtbaren Metallbeschwerung eine Gewichtserhöhung. Hinzu kam eine Individualität der Räder, die dank unterschiedlicher Größe und Gravuren jedem Siku-Auto einen eigenständigen Charakter gaben.

Zwischen 1954 und 1963 wurde mit unnachgiebigem Engagement ein Autosortiment von Pkw, Lkw und Spezialfahrzeugen entwickelt, das selbst Wiking-Gründer Friedrich Peltzer zum Nachdenken gebracht haben dürfte. Er reagierte auf die durchweg verglasten Siku-Modelle, indem er sein Sortiment ebenfalls umbaute. Mit dem Jahresprogramm 1958 beschleunigte Peltzer seine nun auch verglasten Wiking-Neuheiten. Siku gelang es, dank des hohen Investitionstempos in neue

Als Fertigmodelle lässt Siku den Verkaufsladen und die Dreiergarage in Heimarbeit montieren.

Formen, nicht nur Fahrzeuge zum Rollen zu bringen, sondern das Verkaufsprogramm durch alle amtlichen Verkehrszeichen und reichlich Zubehör sinnvoll zu ergänzen. Die großen Modelle wie Kräne und Baufahrzeuge statteten die Modellmacher mit zahlreichen Funktionen und attraktiven Spielmöglichkeiten aus. Dieser Teil der Philosophie sollte bis in die Gegenwart erhalten bleiben und eine tragende Funktionssäule der Spielzeugmodelle werden.

Im Verlauf der Fünfzigerjahre legte Siku von Spielwarenmesse zu Spielwarenmesse ein Neuheitentempo vor, das kein anderer Anbieter überbieten konnte. Die Kompetenz im Kunststoffspritzguss versetzte das Unternehmen eben in einer frühen Marktphase in die

Der verglaste Auto-Salon verfügt über eine Schiebetür, durch die die Siku-Autos hineingefahren werden können. In den ersten Spielzeugprospekten der Fünfzigerjahre zählt das Siku-Sortiment bereits zu den unverzichtbaren Produktangeboten der Händler.

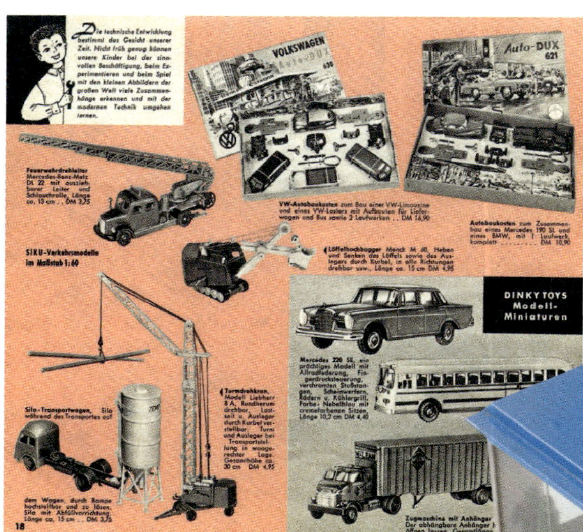

glückliche Lage, frühzeitig auf die Überholspur gehen zu können. Zugleich begann man in einer wegweisenden Marktphase die Marke Siku flächendeckend im Markt zu verankern. Man hatte bei Richard Sieper & Söhne, so viel stand zum Ende des ersten Nachkriegsjahrzehnts fest, den richtigen Riecher gehabt, denn mit Beginn der Wirtschaftswunderjahre erkoren die Deutschen das Auto zum neuen Statussymbol. Die Vertriebsmannschaft, die im Siku-Namen den Markt erschloss und das Händlernetz immer dichter spannte, wuchs und sah sich mit einem mächtigen Vertreterkoffer bestens ausgestattet. Jeder Händlerbesuch hinterließ schon deshalb einen bleibenden Eindruck, weil der freie Handelsvertreter nach dem Öffnen seines Musterkoffers eine ganze Weile benötigte, um das Sortiment der Reihe nach auf dem Tisch zu präsentieren. Die frühzeitige Verpflichtung von Mitarbeitern für den Vertrieb bedeutete auch einen Unterschied zum Sortimentswettbewerber Wiking. Die Berliner Modellbauer waren auf den Postversand eingeschworen. Vertreterbesuche bei den Händlern vor Ort gab es bei den Berlinern nicht.

Die Wellblechgarage, typisch für die Fünfzigerjahre. Das Garagentor in Holzoptik lässt sich mühelos öffnen.

1956 und 1957 erschienen noch volumengrößere Modelle wie ein Büssing-Bus, eine Straßenbahn oder ein Strüver-Tankauflieger

Verkehrserziehung ist ohne Siku nahezu undenkbar. Die Lehrmittelverlage bedienen sich der Automodelle von Siku, um sie mit Magneten zu versehen und so für den Frontalunterricht in der damals rasch wachsenden Zahl von Fahrschulen verwenden zu können.

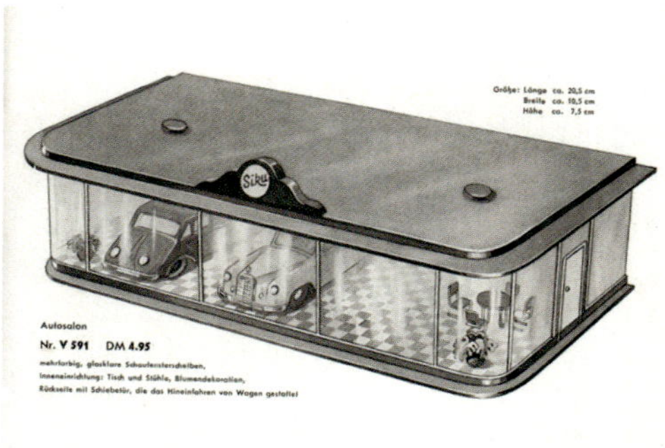

Der Auto-Salon zur Fahrzeugpräsentation darf nicht fehlen.

Der ausgestaltete Verkaufspavillon für die Bushaltestelle.

Das Lebensmittelgeschäft mit einem bunten Warenangebot.

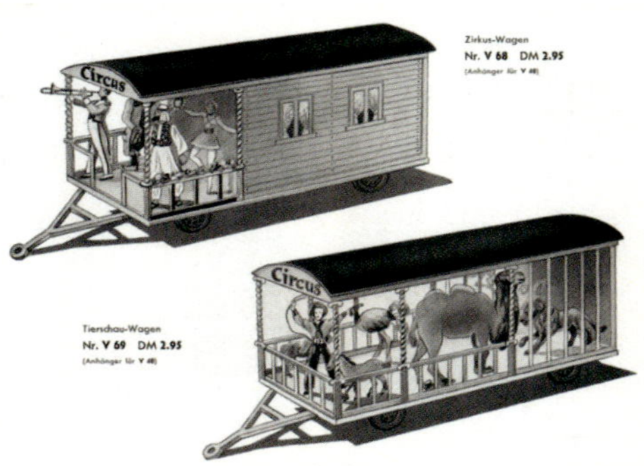

Die beiden Zirkuswagen verwirklicht Siku mit außergewöhnlich viel Liebe zum Detail.

und ein Kranwagen. Die Bestelllisten bewiesen schnell, wo die Käufer ihre Präferenzen setzten: VW Käfer, Bulli und der Ford Transit – egal, ob als Transporter, Bus oder Pritschenfahrzeug – wurden innerhalb kurzer Zeit zu Bestsellern. Figuren von Passanten, Polizisten und anderen Verkehrsteilnehmern gingen genauso über den Ladentresen wie eine Tankstelle, Garagen, Schranken oder der heute legendäre Kiosk, der im Original am Lüdenscheider Marktplatz stand. 1958 umfasste das Angebot über 100 Verkehrsmodelle, mehr Schaufensterdekoration konnten von den Händlern angefordert werden, der auffällige Verkehrspolizist mit ausgestrecktem Arm zur Regelung des Verkehrs sollte in vielen Schaufenstern noch bis weit in die Siebzigerjahre hinein zur Dauerdekoration zählen.

Bei der Auswahl der Vorbilder ließen sich die Siku-Macher vom Alltag inspirieren. Gerade in den Fünfzigerjahren versuchten sich viele Fahrzeugbauer mit innovativen Baukonzepten. So realisierte Siku den Tempo Matador

als 300 verschiedene Verkehrszeichen – viele davon waren für andere Länder bestimmt. Immerhin 60 unterschiedliche Figuren von Verkehrsteilnehmern und nahezu 50 weitere Verkehrsaccessoires von der Ampel bis zur Schranke gingen von Lüdenscheid aus auf die Reise zu den Händlern in der ganzen Bundesrepublik, zunehmend auch ins Ausland. Damit stellte Siku selbst das umfangreiche Wiking-Programm in den Schatten. Selbstbewusst verstärkten die Lüdenscheider ihre Verkaufsunterstützung. Eigene Pakete zur

als Wumag-Hubwagen und lieferte den obligatorischen Warenbehälter gleich mit. 1961 wurde der Krupp-Hauber mit Absetzkipper nach Meiller-Vorbild präsentiert, und das in einer Zeit, als absetzbare Mulden noch längst keine Verbreitung gefunden hatten, zumeist gar als Seltenheit galten. Zu den beliebten Modellen gehörte der Streicher Spreng-, Kehr- und Waschwagen auf Magirus Rundhauber-Fahrgestell. Nicht nur, dass Siku die angehängte Walze sehr detailreich und beweglich nachgebaut hatte, sogar der Bediener, der

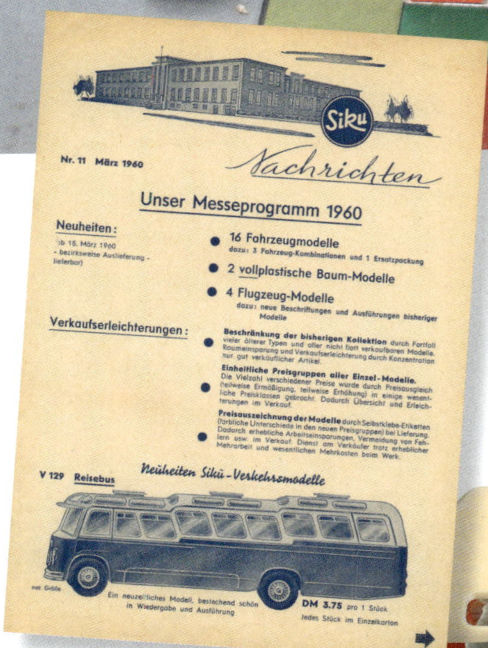

Nr. 11 März 1960

Siku *Nachrichten*

Unser Messeprogramm 1960

Neuheiten:

ab 15. März 1960
- bezirksweise Auslieferung -
lieferbar)

- 16 Fahrzeugmodelle
  dazu: 3 Fahrzeug-Kombinationen und 1 Ersatzpackung
- 2 vollplastische Baum-Modelle
- 4 Flugzeug-Modelle
  dazu: neue Beschriftungen und Ausführungen bisheriger Modelle

Verkaufserleichterungen:

- **Beschränkung der bisherigen Kollektion** durch Fortfall vieler älterer Typen und aller nicht flott verkaufbaren Modelle. Raumeinsparung und Verkaufserleichterung durch Konzentration nur gut verkäuflicher Artikel.
- **Einheitliche Preisgruppen aller Einzel-Modelle.** Die Vielzahl verschiedener Preise wurde durch Preisausgleich (teilweise Ermäßigung, teilweise Erhöhung) in einige wesentliche Preisklassen gebracht. Dadurch Übersicht und Erleichterungen im Verkauf.
- **Preisauszeichnung der Modelle** durch Selbstklebe-Etiketten (farbliche Unterschiede in den neuen Preisgruppen) bei Lieferung. Dadurch erhebliche Arbeitseinsparungen, Vermeidung von Fehlern usw. im Verkauf. Dienst am Verkäufer trotz erheblicher Mehrarbeit und wesentlichen Mehrkosten beim Werk.

Neuheiten Siku-Verkehrsmodelle

V 129 **Reisebus**

nat. Größe

Ein neuzeitliches Modell, bestechend schön in Wiedergabe und Ausführung

DM 3.75 pro 1 Stück
Jedes Stück im Einzelkarton

Viel Betrieb im Straßenverkehr! Der Verkehrspolizist wacht darüber, dass die Regeln eingehalten werden.

Sechs Jahre nach dem Programmstart miniaturisiert Siku den Riviera-Express. Der Bus nach niederländischem Vorbild besitzt für die Fahrgäste eine mehrstufige Reisebestuhlung.

Die Personengruppen besitzen ihren ganz eigenen Charme, weil sie von der Alltagswirklichkeit künden. Natürlicher kann die Bewegung von Figuren kaum festgehalten werden.

auf der Tankspitze thronte, wurde filigran nachgebildet. Eines wurde in den zahlreichen Prospekten, die ab den späten Fünfzigerjahren immer farbiger wurden, deutlich: Siku legte Wert auf die Qualität der Vorbilder. Nur so erklären sich zweiachsige Anhänger wie der mit Oberleitungs-Montageleiter oder der Dreiachs-Anhänger mit beweglichem Allseitenkipper. Mehr Funktionen ließen sich in einzelnen Modellen kaum unterbringen. Das Topmodell der frühen Sechzigerjahre war zweifellos der Henschel Raketentransporter mit der Atlas-Rakete und der Mercury-Kapsel. Beides konnte dank der Abschussrampe um 90° aufgerichtet werden. Ein besonderes Vehikel stellte der Meili Flextrac dar. Er wurde seinerzeit als Militärfahrzeug vorgestellt, mit dem praktisch jedes Hindernis überwunden werden konnte. Durch den Lizenzverkauf an Clark USA gelangte die US-Armee an diesen Offroader. Hinzu kam der Spezialförderer von OGM Osterrieder GmbH in Memmingen, der von den Gebrüdern Osterrieder für Heu, Getreidegarben, Rüben, Kartoffeln und Säcke, aber auch als Gutförderer für Schüttgüter wie Kies, Sand und Kohle konstruiert worden war. Das Unternehmen hatte später den Anschluss

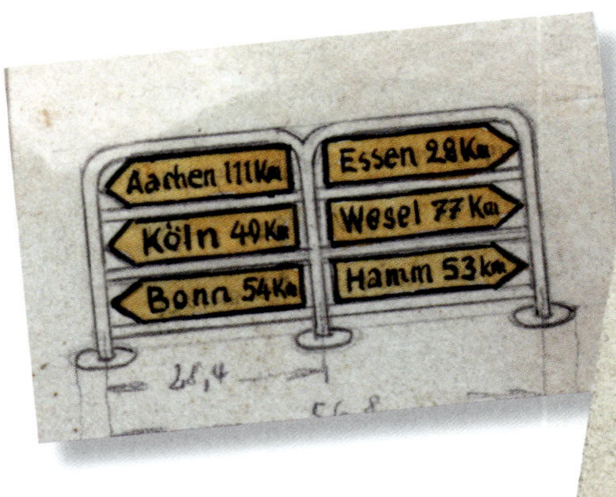

Präzise Zeichnungen, lebensechte Miniaturen.

Siku-Verkehrsmodelle

Siku

LIEBE SIKU-FREUNDE!

Für den großen Kreis der SIKU-Freunde und -Sammler stehen jetzt rund 440 verschiedene Modelle zur Verfügung. Die vielen neuen interessanten Modelle sind wieder Spitzenleistungen in liebevoller Ausarbeitung, Präzision und wirklichkeitsgetreuer Wiedergabe. Als Einzelstücke in für jeden erschwinglicher Preislage bieten sie Euch unbegrenzte Spielmöglichkeiten im Zimmer und im Freien.
Abbildungen fast aller Artikel (leider des begrenzten Raumes wegen sehr stark verkleinert) zeigen Euch, was es Neues gibt und was Euch noch fehlt. Mit SIKU-Verkehrsmodellen — ständig durch die neuesten Typen erweitert — könnt Ihr Euch komplette Verkehrsspiele zusammenstellen, weil die SIKU-Kollektion alles enthält, was dazu notwendig ist (neben Auto- und Wagenmodellen auch Verkehrszeichen, Verkehrsteilnehmer, Verkehrseinrichtungen, Gebäude, Zäune, Bäume usw.).
Mit SIKU-Verkehrsmodellen lernt Ihr alle Einzelheiten des modernen Verkehrs kennen, bekommt technisches Verständnis und werdet Verkehrsfachleute.

Frohes Spiel und gute Fahrt!

an die moderne Landmaschinentechnik für Gras, Heu und Stroh verpasst und den nach dem Krieg wachsenden Bedarf an Fördertechnik für Sand, Steine und Kohle unterschätzt. Viele der Modellvorbilder mit Spezialistenstatus stehen noch heute für den Aufbruch des bundesdeutschen Fahrzeugbaus in eine neue Zeit – Siku spendierte ihnen ein modellbauerisches Denkmal.

Dank des hohen Investitionstempos treibt Siku den Formenbau sowohl im eigenen Haus als auch auswärts über Jahre mit Tempo voran. So wächst das Programm zu einer Breite, die für Wettbewerber uneinholbar wird.

Trends im Fahrzeugbau besitzen ihre Berechtigung, um ins Siku-Sortiment einzuziehen. Mit dabei ist der Wittener Wohnwagen, dessen Oberteil im Vorbild und im Modell herausgeschoben werden kann.

Was Modellhersteller gern als lehrreiches Verkehrsspielzeug einordneten, sollte sich für die Lehrmittelhersteller Degener in Hannover und den Verkehrs-Verlag Remagen (VVR) als existenzielles, sogar wachstumsorientiertes Geschäftsfeld entwickeln. Die Fahrschulen schossen in den Fünfziger-und Sechzigerjahren überall aus dem Boden und die Nachfrage nach Schulungsmaterial für

die Fahrerausbildung für Motorrad, Pkw und Lkw wuchs ständig. Vorrangig gefragt waren Magnettafeln, die sowohl mit Verkehrsschildern als auch mit Modellen bestückt werden mussten. Beide Lehrmittelhersteller bedienten sich verständlicherweise vornehmlich der Sortimente von Siku und Wiking, aber auch Miniaturen aus dem Preiseinstiegssegment à la Manurba wurden zuweilen mit Magneten versehen, um sie für die Fahrschulstunden nutzbar zu machen. Siku lieferte unter der Artikelnummer V 700 gleich ein passendes

Der Wumag-Hubwagen fordert die Siku-Modellbauer angesichts der komplexen Originalhydraulik heraus. Am Ende begeistert ein Tempo Matador mit einer vorbildgerechten Funktion der Hebe- und Absetzbewegung der Transportpritsche.

Miag liefert das Vorbild für den Bahnsteigschlepper, der gleich zwei Anhänger und noch mehr Gepäck mitliefert.

Hamburger Fahrzeugbauer Strüver steht Pate

Ein mächtiger Tanker

Der Strüver-Tanksattelzug nach Vorbild des Benzol-Verbandes BV Aral verbreitet auf Anhieb Spielvergnügen. Er ist genauso wendig wie sein großes Vorbild.

Strüver lieferte das Vorbild, Aral war einer der Auftraggeber. Der Henschel HS 165 T mit dem Aral-Auflieger im Maßstab 1:60 sollte der erste Tanker aus der Serie der Plastik-Verkehrsmodelle sein, der in den Fünfziger-jahren den Spielzeugmarkt eroberte. Er erinnert heute an den Aufbruch der deutschen Markenkraftstoff-Raffinerien, die bereits zur Mitte des ersten Nachkriegsjahrzehnts reihenweise Auflieger zum Transport von Benzin und Diesel einsetzten. Der blitzsaubere Aral-Tankzug von Siku folgte damals seinem untadeligen Ruf ins Sortiment und ergänzte in konsequenter Weise die immer neuen Lüdenscheider Verkehrsmodelle.

Das Vorbild vom Siku-Klassiker hingegen war mit seinen drei Achsen genau jenem Tankauflieger-Typ angelehnt, den Aral in ausgiebigen Tests auf Herz und Nieren prüfte. Tankwagenspezialist Strüver in Hamburg lieferte seinerzeit den ersten Tankwagen dieser Baureihe aus, weitere sollten folgen. Nicht nur die Verwendung von Aufliegern war in den fünfziger Jahren eher selten, auch die Frontlenker-Zugmaschine von Henschel aus Kassel galt als Novum. Die Hintergründe lagen auf der Hand: Das Netz von Tankstellen sollte bis weit in die Sechzigerjahre rasant wachsen, ebenso wie die Zulassungszahlen von Pkw und Lkw in der Bundesrepublik. Tankwagen mussten her, koste es, was es wolle. Und Aral, Esso, Shell & Co. investierten kräftig.

Von den verschiedenen Niederlassungen in allen Bundesländern aus machten sich die Tankzüge zumeist im Zwei-Schicht-Betrieb auf ihre Touren, um die Aral-Stationen zu versorgen. Meist war der Tankzug zweimal zwölf Stunden unterwegs – an eine Beschränkung der Lenkzeiten dachte freilich damals niemand. Es ging vornehmlich darum, pünktlich und verlässlich an Ort und Stelle zu sein. Für die Nachtbetankung lagen die passenden Schlüssel im Handschuhfach. Der Tankwagenfahrer genoss eine Vertrauensposition – davon zeugte auch die Uniform. Auflieger wurden deshalb bevorzugt wurden, weil sie mit gut und gerne mehr als 15.000 Litern Volumen bis zu vier oder fünf Stationen versorgen konnten, und dabei dem Fahrer mit der Aral-Schirmmütze hinterm Steuer auch noch ein gutes Maß an Wendigkeit boten.

Beim Praxistest des HS 165 T ging's ans Eingemachte: Das Strüver-Vorbild hatte einen regelrechten Parcours zu durchfahren, um im engsten Wenderadius, beim Überfahren von Straßenschwellen oder rückwärtigem Rangieren zu überzeugen. Nur am Rande sei erwähnt, dass Strüver in jenen Jahren das Siku-Modell in 1:60 als Werbepräsent nutzte. Immerhin gingen Dutzende der Kasseler Zugmaschinen mit Hamburger Auflieger in den blauweißen Dienst von Aral.

Aral testet in den Fünfzigerjahren den Tankzug mit Henschel-Zugmaschine auf Herz und Nieren. Kein Wunder, dass Siku rasch Gefallen an dem Vorbild findet und Strüver damals das Siku-Modell für eigene Werbezwecke einsetzt.

Der Deckelkarton als Liefereinheit macht die Konfektionierung von zehn Einzelmodellen des Fahr-Schleppers möglich. Genug Traktoren, damit der Händler im Tresen immer wieder nachlegen kann.

Sortiment, die Lehrmittelhersteller bestellten hingegen lieber Einzelmodelle, dann aber in großen Stückzahlen, um sie in Eigenregie mit Magneten zu bekleben. Für VW lieferte Siku zwischendurch sogar ein Modell-Sextett, das speziell für die Fahrschulen und deren Magnettafeln vorgesehen war. Ein ganzes Modellset in robuster Holzqualität gab es in den Niederlanden. Sein Name: „Verkeersonderwijs“.

Ab 1958 setzte Siku noch farbintensivere Granulate für seinen bruchfesten Kunststoff ein. Weil die deutschen Lieferanten Siku nur eine begrenzte Farbpalette anbieten konnten, griffen die Lüdenscheider auf den internationalen Rohstoffmarkt zurück. Kunststoffgranulate aus den USA wurden in unterschiedlichsten Farben geordert und bedeuteten noch mehr Sortiments-vielfalt. Bei bis zu 20 Neuheiten im Jahr mussten für die unterschiedlichen Miniaturen zwischen fünf und 25 Einzelwerkzeuge gebaut werden – der Werkzeugbau erarbeitete sich in kurzer Zeit eine Schlüsselposition. Zugleich standen im Lüdenscheider Unternehmensumfeld zahlreiche Formenbaubetriebe bereit, um auftragsgemäß Unterstützungsarbeit zu leisten.

Als Siku 1958 die ersten Verkehrspläne vorstellte, gab es bereits Anzeichen dafür, dass das große Sortiment von über 300 Artikeln den Handel auf Dauer zu überfordern drohte. Nach und nach fuhr das Lüdenscheider Unternehmen die Anzahl seiner Produkte wieder zurück. Allein schon der Verzicht auf den

Ganz schön imposant: Der Mercedes-Benz Pullman als Möbelwagen bewegt sich als Schwergewicht auf den Fantasie-Autobahnen der Spielzimmer.

Groß hinter klein: Der Strüver-Tanksattelzug folgt dem Messerschmitt Kabinenroller. So macht das Siku-Spiel den Kindern Spaß.

Einzelverkauf bei gleichzeitiger Bündelung der Verkehrszeichen im Sortimentskarton erleichterte den Händlern das Leben deutlich. Überdies gelang durch diesen Schritt ein schnellerer Zugang zu den Exportmärkten, die sich für den Markteintritt eher eine überschaubare Produktpalette wünschten. Während anfangs Pkw-Modelle in Fünfer- oder Zehner-Stülpkartons konfektioniert wurden, folgte auf der Nürnberger Spielwarenmesse 1961 noch ein pfiffiger Schachzug: Die 56 Personenwagen erhielten eine Garagenverpackung, die aus einem durchsichtigen Unterteil mit farbigem Dach und Tor – das sogar geöffnet werden konnte – bestand. Die vier

Sage und schreibe 400 Einzelmodelle präsentiert Siku 1956 und stellt damit zwei Jahre nach dem Programmstart eine Sortimentsbreite bereit, die nicht einmal der damalige Wettbewerber Wiking erreicht. Für den Handel wird es in den Folgejahren immer schwieriger, die Artikelvielfalt kundengerecht zu pflegen und bereitzuhalten.

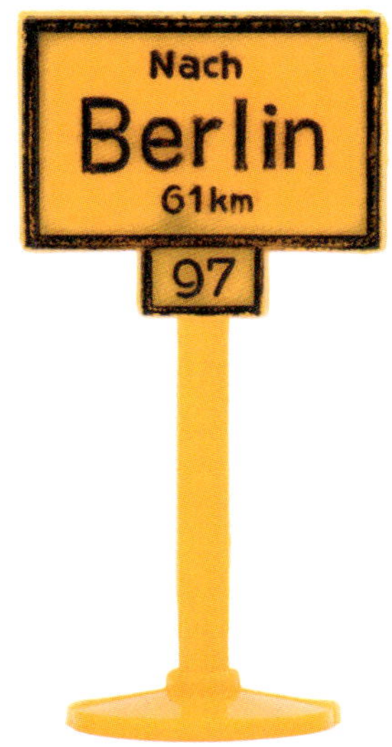

In zahlreichen Fahrschulen zählt diese Straßenbahn über Jahrzehnte hinweg zum wichtigen Accessoire an der Magnettafel.

Mit regelmäßigen Händlerinformationen hält Siku seinerzeit die Händler auf dem Laufenden. Sie sollen wissen, was es in der 1:60-Verkehrswelt Neues gibt. Der Strüver-Tanksattelzug überrascht durch seine Farbenvielfalt (l.).

verschiedenfarbigen Dächer kennzeichneten die zugehörigen Preisklassen. Wieder einmal gelang es Siku, den Spielwert mit Cleverness zu erhöhen. So entwickelte sich das Geschäft nicht nur im Inland erfreulich, auch in den Niederlanden und in Skandinavien konnte sich die Marke profilieren.

Allerdings mussten Werner und Kurt Sieper zur Kenntnis nehmen, dass mit Beginn der Sechzigerjahre zunehmend ausländische Anbieter wie Dinky, Corgi oder Tekno in neue Absatzmärkte strebten und dabei Deutschland immer stärker in den Blick nahmen. Neue Binnenanbieter wie Märklin oder Gama folgten ebenfalls mit Automodellen, sodass die Wettbewerbsintensität von mehreren Seiten spürbar zunahm. Dass sich damit urplötzlich die Frage des Werkstoffs für die Herstellung der Modelle neu stellte, hätte wenige

Alltag in 60-facher Miniaturisierung: Streicher Kehr- und Waschwagen auf Magirus-Rundhauber-Fahrgestell, Unimog 411 und Überfallkommando der Polizei.

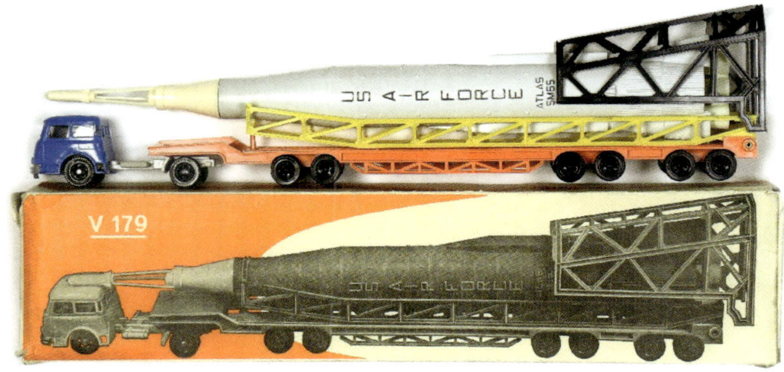

Der Krupp mit Absetzkipper und der erste Siku-Raketentransporter machen deutlich, was in den Frühzeiten des Programms der Verkehrsmodelle schon alles möglich ist.

Jahre zuvor niemand für möglich gehalten. Aber die ausländischen Wettbewerbsprodukte mit Fahrgestell und Karosserie aus schier unverwüstlichem Zinkdruckguss schienen in Deutschland veritables Absatzpotenzial zu besitzen.

So fiel in Lüdenscheid 1962 die Entscheidung, diesem Markttreiben nicht länger tatenlos zusehen zu wollen. 1963 erschien als Pilotpro-

VW bestellt ein Modell-Sextett, das mit Magneten ausgestattet ist und sich an Fahrschulen richtet.

Wochenmarkt bei Siku: Der Geflügeltransporter und der Verkaufswagen mit reichlich Obst und Gemüse bestückt.

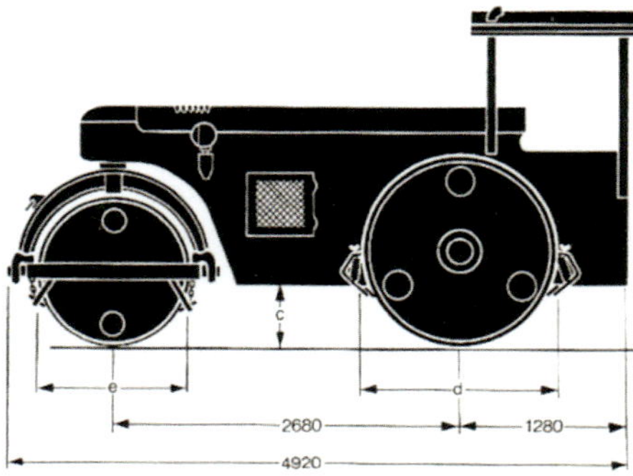

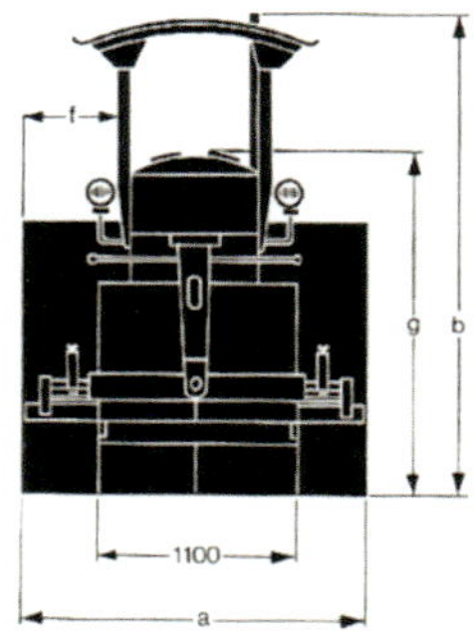

Die Zahl der Vorbilder entspringt in jenen Programmjahren einer Welt der Fahrzeugbauer, die immer wieder etwas Neues ausprobieren. Siku folgt mit zuweilen ungewöhnlichen Miniaturen.

jekt die im Handel proklamierte „Zusatz-Serie" von Zinkdruckgussmodellen. Ihr schneller Erfolg bedeutete das schleichende Auslaufen des wohl umfangreichsten maßstabsgleichen Modellsortiments der deutschen Nachkriegsgeschichte. Vorher und nachher hatte es kein anderer Hersteller auf eine solch imposante Sortimentsbreite gebracht. 1969 – 15 Jahre nach dem Start der Siku-Verkehrsmodelle – ging die Plastik-Ära bei Siku zu Ende.

Der Bauboom schlägt sich im Siku-Programm nieder: Der Mercedes-Benz Pullman bringt den Zement-Silo gleich mit.

Der Deutz-Flugzeugschlepper fristet eher ein Schattendasein. Für ihn sollte es so recht keinen Einsatzzweck in der 1:60-Maßstabswelt geben.

3

Dem Zinkdruckguss gehört die Zukunft

Robust, ganz nah am Vorbild und im Maßstab immer ein Stück größer

PSP
PSP

Mit neuen Rennfelgen fährt der 1968 vorgestellte Chevrolet Corvette Sting Ray ins Programm. Siku spendiert ihm die erste Generation der Fensterkartons, die später bei größeren Modellen Standard werden.

Es war bei Siku ein Paradigmenwechsel. Für das Lüdenscheider Unternehmen sollte es sich in der Innen- und Außenwirkung wie ein Neuanfang an-fühlen. In der zweiten Hälfte der Fünfzigerjahre hatte sich der Spielzeugmarkt in der Bundesrepublik gewandelt und dabei erste stabile Sortiments-strukturen entwickelt. Weil das Wirtschaftswunder und der wachsende Wohlstand der Familien allenthalben sichtbar wurden, erlebte der Spielwarenhandel in den Sechzigern seine frühen Boomjahre. Spielzeug für Mädchen und Jungen erhielt eine bis dahin nie dagewesene Wertschätzung – die Zahl der Spielwarenabteilungen und selbstständigen Fachgeschäfte wuchs in den besten Innenstadtlagen. Stand das vorangegangene Jahrzehnt noch ganz im Zeichen des Aufbruchs und der Neuorientierung, hatte das Sortiment in Tresen und Regalen jetzt eine Struktur erhalten. Automodelle gab es freilich in vielfältigen

Der Ford GT 40 feiert 1969 Premiere, zunächst mit den angestammten Rädern, dann mit Leichtlaufachsen, die die Siku-Autos im neuen Karton zu Flitzer-Rennern machen (o.). 1970 stellt Siku den Ford 17 M Turnier als aufwendig dekoriertes ADAC-Straßenwacht-Fahrzeug vor. Im Heck eingeschoben sind zwei Schilder, Warnkegel, Kanister und Feuerlöscher in einer passenden Transparentbox.

Größen, mal maßstäblich präzise, mal eher der spielerischen Idealgröße folgend.

Es kristallisierte sich heraus, dass der Maßstab 1:87 und damit die Baugröße H0 der favorisierten Modelleisenbahn ebenso gesetzt war wie die Die-Cast-Baugröße 1:43. Anbieter wie die Briten von Corgi und Dinky Toys oder die Dänen von Tekno, aber auch Märklin konnten nach ihrer Markteinführung rasch Boden gut machen, weil sie durch die Fertigung aus Zinkdruckguss nicht nur ein erstaunliches Maß an Vorbildtreue, sondern allein schon durch das Gewicht eine hohe Wertanmutung erreichen konnten. Letzteres brachte eine weitere positive Begleiterscheinung mit sich: Die Autowelt in 43-facher Miniaturisierung eignete sich angesichts ihrer Robustheit für den harten Spielzeugalltag.

All das hatten die Lüdenscheider Modellbauer gerade über die Jahrzehntwende hinweg beobachtet. Werner und Kurt Sieper mussten handeln, um den Anschluss an den Markt nicht zu verlieren. Die unübersehbare Marktoffensive ausländischer Automodellanbieter in Deutschland ließ nach und nach den Entschluss reifen, das eigene Sortiment von Mi-

Schon früh fährt die „Badewanne“ ins Programm: Der Ford Taunus 17 M besitzt in der 1964 vorgestellten Version sogar ein Schiebedach, das sich öffnen lässt. Beim späteren Kombi lässt sich die Motorhaube anheben und gibt den Blick auf den chromsilbernen Motorblock frei.

Zwei Farben müssen für den Lamborghini Espada 400 GT ausreichen. 1971 vorgestellt, erhält er zwei Nasslackierungen in Dunkelblaumetallic und Lichtgrün. Zur Demonstration lässt Siku die Bauteile des BMW 2000 CS, der von 1967 bis 1974 im Programm bleibt, auf einen Karton aufnähen, um die aufwendige Montage der 17 Arbeitsgänge zu verdeutlichen.

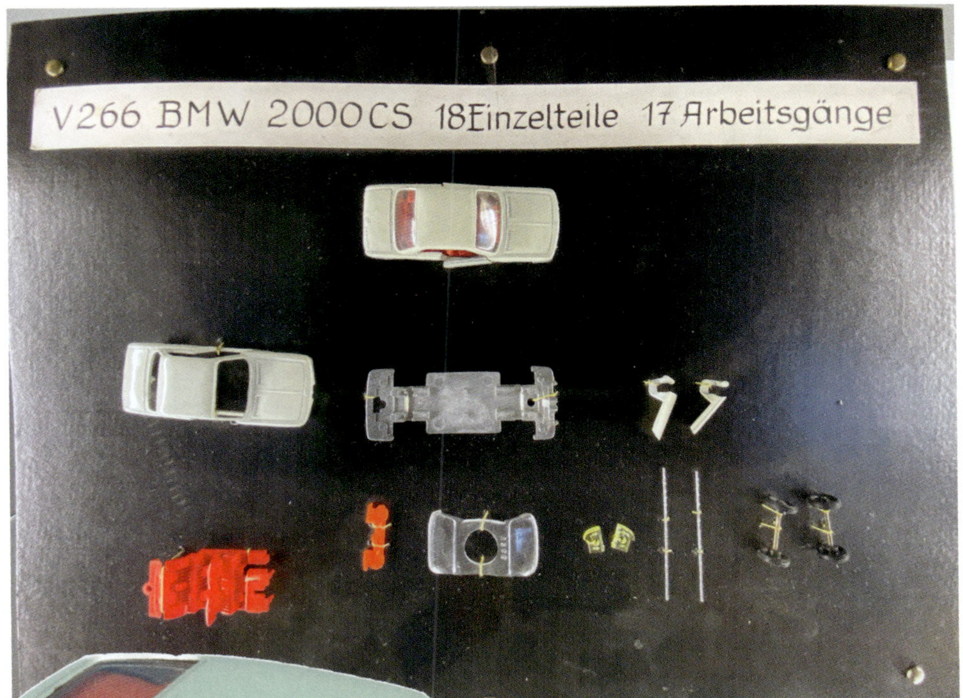

niaturen im Maßstab 1:60 von Kunststoff auf Zinkdruckguss umzustellen. Schon 1962 traf Siku produktionstechnische Vorbereitungen für den Marktstart und ließ erste Werkzeuge bauen. Wieder stand eine mächtige Investitionsoffensive bevor. Diesmal ging die Führung von Richard Sieper & Söhne mit Augen-

maß an die Sache heran – die Aufholjagd sollte in kleinen, aber wirksamen Schritten vollzogen werden. Zum einen wollte man das eigene Unternehmen nicht überfordern, zum anderen bedurfte es mit der Einführung des Zinkdruckgusses eines neuen Produktionsverfahrens. Und natürlich wollte man die Kernkompetenz bei Kunststoff-Verkehrsmodellen im Maßstab 1:60 nicht voreilig aufgeben. Zur Nürnberger Spielwarenmesse 1963 war es so weit. Mit vier Modellen stellte Siku den Handelskunden ein „Zusatz-Sortiment“ zur bisherigen Verkehrsmodellserie vor. Fiat 1800, Opel Kadett A, Ford 12 und BMW 1500 wurden zu den wegweisenden Debü-

Hallo Taxi! Der Fiat 1800, von 1964 bis 1968 erhältlich, wird vom Mercedes-Benz 250 abgelöst, der als Droschkenvertreter bis 1971 angeboten wird.

tanten einer neuen, dauerhaften Siku-Ära. Die vier Premieren-Pkw wurden in der bereits bekannten, transparenten Kunststoffgarage zum Einstiegspreis von 1,50 DM angekündigt. Das Besondere: Die Autos hatten blitzende Glasfacettenscheinwerfer mit Wow-Effekt. Sie funkelten beim Blick auf den Kühlergrill rechts und links wie Diamanten! Im Januar gingen die ersten vier Modelle in den Handel, nach der Nürnberger Spielwarenmesse folgte schon im März ein weiteres Quartett, ehe jeweils vier weitere Miniaturen im August und im November an den Handel ausgeliefert wurden. So fuhren der Ford 17 M, aber auch der 61er-Cadillac ins Programm. Wie selbst-

Schwerer Stahl für den Formenbau: Für den Ford Pickup und den Krupp-Lkw entstehen aufwendige Vorlagen.

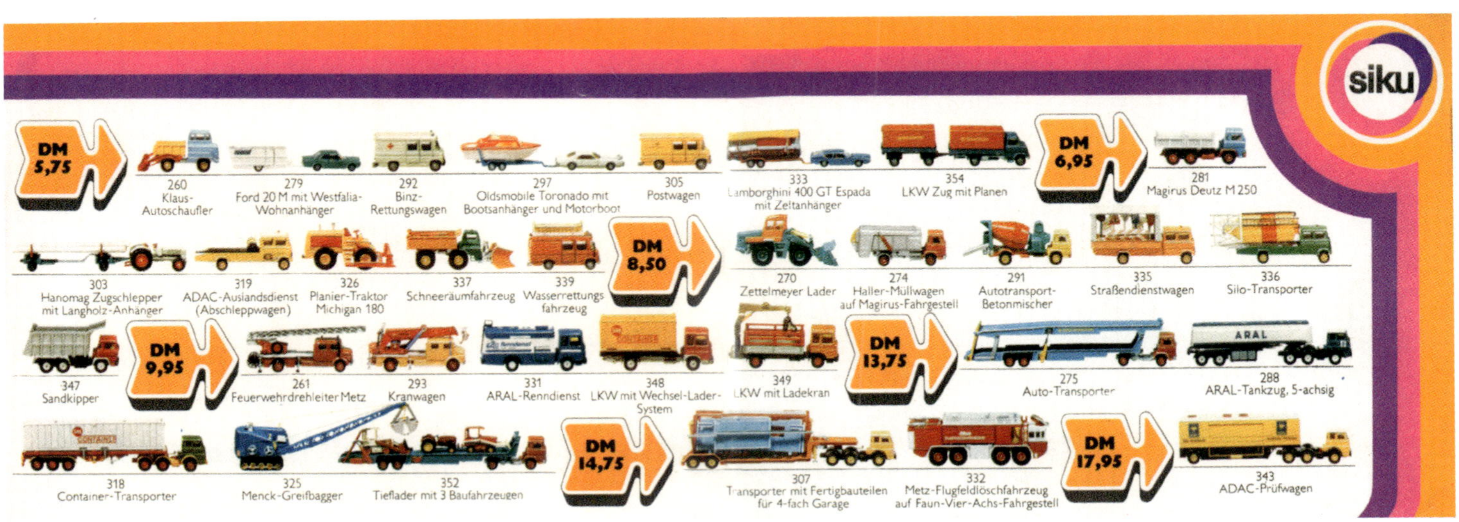

Die Premiere 1973 und der Start in eine neue Siku-Epoche: Mit einem völlig neuen Markenauftritt und einem erstmals durchgängig farbig fotografierten Prospekt starten die Lüdenscheider nach der Entwicklung von Studio 70 durch. Das Markenzeichen erfährt nur eine kurze Präsenz und sollte im Folgejahr noch eine deutliche Änderung erfahren.

Ganz schön schwere Fracht im Schlepp: Im Maßstab 1:60 wirkt der Porsche Diesel-Schlepper schon als Winzling, wenn er den Langholztransport an den Haken nimmt.

verständlich gehörte der VW T1 als Kleinbus und Polizeiwagen von Anfang an dazu. Der auffällig filigran gearbeitete Porsche Diesel-Schlepper Standard T, der Tempo Matador-Bus und der Flügeltürer Mercedes-Benz 300 SL sorgten für weitere Sortimentsbreite. Da wirkte der Ford F 500 amerikanischer Herkunft eher fremd, was seiner Begehrlichkeit in den Folgejahren keinen Abbruch tun sollte.

Man hatte bei Siku dazugelernt. Die Werbung sollte fortan zielgruppengerechter ausfallen. Schon deshalb wurde für die Verpackung ein völlig neues Konzept erarbeitet. Die mehrfarbigen Kartonverpackungen trugen an den Seiten das große „Z“. Es stand für Zinkdruckguss und schaffte damit eine unmissverständliche Differenzierung zu den pastellorangen Siku-Kartons des Kunststoffprogramms. Den Lüdenscheidern gelang es innerhalb kurzer

Der Hanomag Robust 900 gilt als erster „moderner“ Schlepper, dessen Haube zwischen der Auslieferung 1969 und 1990 sogar zu öffnen ist. Er soll sogar den Maßstabswechsel von 1:60 zu 1:55 überleben.

Die Vorbildproportionen passen: Der Hanomag Robust 900 zieht den Heuladewagen. Die Landwirtschaft findet innerhalb der Super-Serie in den Sechziger- und Siebzigerjahren nur untergeordnete Beachtung.

Die Zettelmeyer-Dreiradwalze Euro S12 ist aus dem Spektrum der Siku-Baufahrzeuge von 1969 bis 1983 nicht wegzudenken. Schon 1964 war die Zettelmeyer-Anhängerwalze für den Fiat Kettenschlepper 40 CA hinzugekommen.

Einsatzbereit: Der Jeep erinnert zwischen 1964 und 1972 an die Präsenz der amerikanischen Alliierten in Deutschland, während der Fiat Kettenschlepper 40 CA im gleichen Programmzeitraum vor allem durch seine Plastikfelgen auffällt.

Gleich zum Jahresauftakt 1963 überrascht Siku mit Neuheiten. Während der Liebherr Hydro-Bagger A350 noch die Kunststoff-Serie ergänzt, läutet der Ford 12 M bereits die „Zusatzserie“ der Zinkdruckgussmodelle ein.

Zeit, schon im Handelsregal eine klare Unterscheidung zu den Kartons der Zinkdruckguss-Wettbewerber zu erreichen. Ganz nebenbei wandte man sich in der Wettbewerbsbeobachtung der „neuen“ Konkurrenz immer stärker zu, was im Umkehrschluss bedeutete, dass Wiking seinen erfolgreichen Alleingang im Maßstab 1:87 nunmehr ungehindert fortsetzen konnte. Zu verschieden sollten sich die Sortimente in den Folgenjahren entwickeln. Die farbigen Siku-Karosserien mit den metallischen, chromähnlichen Effekten des Fahrgestells und des Kühlergrills wirkten satter, wertvoller und begehrlicher als bei den gewohnten Plastikmodellen aus gleichem Haus. Sie fühlten sich zugleich kälter als die Kunststoffminiaturen an, eben technischer. Und ein Effekt trug zum Erfolg bei: Die ständig funkelnden „Diamantscheinwerfer“ reizten zum Kauf.

Rennstrecken-Atmosphäre: Der Porsche Carrera 906 überrascht zwischen 1968 und 1974 vor allem durch den volltransparenten Blick auf den chromsilbernen Motorblock, dessen Karosserieabdeckung sich sogar abheben ließ.

Siku-Legenden: Die erste Siku-Generation des Ford Transit fährt 1964 als Tragkraftspitzenfahrzeug mit abnehmbaren Leiterteilen und 1965 als Doka mit absenkbarer Heckklappe ins Programm. Beim Nachfolger von 1967 miniaturisiert Siku die imposante Langversion – Heckklappe und Türen lassen sich öffnen.

Zu den Messeneuheiten 1963 zählten der Mercedes-Benz Peterwagen in attraktiver Bicolorgestaltung mit weißen Kotflügeln sowie der mächtige Muldenkipper Faun K10/26AP. Der Mercedes-Benz 600 Pullmann stellte in der edlen Metalliclackierung alles in den Schatten: Alle Türen sowie Motorhaube und Kofferraum ließen sich öffnen – was für eine Limousine! Als das Vorbild des Mercedes-Benz 600 der werksinternen Baureihe W 100 auf der Frankfurter IAA 1963 ein erstes Mal präsentiert worden war, hatte das Fachpublikum gestaunt. Und die Bonner Republik wusste, dass die Ära des Adenauer-Benz endgültig beendet war. Die Limousine des „Alten" hatte bis dahin viele Jahre den Charme des Neuanfangs verkörpert, galt ebenso wie die Politik Konrad Adenauers zum Ende seiner Amtszeit als zu barock, einige behaupten, verstaubt. Der neue mit der Typenbezeichnung 600 hingegen stand für die Zukunft. Auch bei Siku. Weil er so ungewöhnlich war, so mächtig erschien, und die Autogazetten unisono über die Top-Limousine von Mercedes-Benz berichteten, fand das Siku-Modell kurz nach seiner Vorstellung den Weg auf manchen Gabentisch. Die Überraschung gelang jedes Mal aufs Neue: Beim Öffnen von Motorhaube, Kofferraum sowie der Türen vorne und hinten wurden die Augen groß voller Neugierde – die exzellenten Graveure von Siku hatten insbe-

Schon 1971 feiert der Mercedes-Benz LP 608 D als Abschleppdienst in den Farben des ADAC-Auslandsdienstes Premiere, im Jahr darauf folgen der Straßendienstwagen mit Absperrbarken und Verkehrszeichen sowie der Silo-Transporter.

Diamantenfunkeln der Glasfacettenscheinwerfer: Die technische Ausführung wertet die Siku-Modelle ungeheuer auf (o.). Der Fiat 1800 und der Ford Continental Mark III zeigen die Unterschiede der Modellgrößen zwischen italienischem und amerikanischem Vorbild.

Der Mercedes-Benz 600 wirkt bereits in der 60-fachen Miniaturisierung wie eine Staatskarosse. Die Präsentation findet seinerzeit große mediale Beachtung.

sondere im Innenraum genau jene gestalterischen Spuren hinterlassen, die die jungen, autobegeisterten Mercedes-Benz-Freunde ins Schwärmen geraten ließen. Wo auf der Welt gab es 1963 schon ein Auto mit eingebauter Bar? Während selbst daheim Fernsehgeräte noch lange nicht selbstverständlich waren, beim 600er hatte Mercedes-Benz den Bildschirm bereits eingebaut. Alle Staatsgäste, die die Bundesrepublik Deutschland fortan besuchten, erlebten die Staatslimousine in der langen Pullmann-Version, in der kurzen Ausführung begeisterte sie Stars und Sternchen. Egal, ob in Kalifornien oder im Stammland des Rolls-Royce, der 600er faszinierte durch soliden Prunk. Selbst Beatle John Lennon zögerte 1969 keinen Augenblick, bestellte sich gleich die Pullmann-Version und auch Udo Jürgens wusste die Edel-Limousine zu schätzen. Allein dieses Modell machte deutlich, das Siku über die Zinkdruckguss-Serie neue Impulse in den Markt geben konnte. Das erfreuliche Feedback aus dem Handel ließ nicht lange auf sich warten. 1966 stellte Siku für einige Zeit immer mehr internationale Typen vor: Das bildschöne Pontiac Bonneville Cabrio gab einen Blick auf das großzügige Interieur

So viele Funktionen und bewegliche Teile wie kein anderer Siku-Pkw: Die Edel-Limousine in der Langversion macht deutlich, dass es sich bei diesem Fahrzeug um ein besonderes Vorbild handelt.

frei. Aber auch so ungewöhnliche Spezialfahrzeuge wie der Klaus-Autoschaufler hatten bei Siku eine Chance.

Wichtig für die Lüdenscheider Modellbauer: Jedes Modell verfügte über unterschiedliche Funktionen. Waren es bei den Pkw vornehmlich Türen und Hauben, die der stolze Besitzer mit einer ziehenden Fingerspitzenbewegung öffnen konnte, gehörten bei den Lkw funktionale Features dazu. Wie beim Magirus-Frontlenker. 1967 nahm Siku die Lastwagen mit dem Ulmer Münster auf der Stirn ins Programm, um ins wachsende Frontlenker-Segment einzusteigen. Im Kunststoff-Sortiment hatte noch die Rundhauber-Nachkriegsgeneration den Ulmer Lkw-Hersteller vertreten. Keine Frage: Auf

Zu Beginn der Siebzigerjahre hat sich die Handelsrealität verändert. Siku passt peu à peu die Kartongestaltung von gezeichneten Autos bis zur Fotodarstellung an. Hinzu kommen die ersten Blisterkarten, unter deren Transparenthauben die Siku-Flitzer zu sehen sind.

Ein Büssing-Bus als mobile Bankstation besitzt bei Siku doppelten Nutzen. Oben ist ein Geldschlitz eingelassen, im Fahrgestell befindet das Schloss, um die Lust aufs Münzsammeln zu wecken.

Sowohl Sparkassen als auch Volksbanken zählen zu den Siku-Kunden, die reichlich Gebrauch von der Bestelloption machen, um ihr Spardosensortiment zu erweitern.

Junge Sparer hatten Spaß am fahrbaren „Münzgrab"

Die Taschengeldgroschen sollten gesammelt und sicher deponiert werden, so war es gewünscht. Volksbanken und Sparkassen machten es mit ihren Spardosen möglich, wenn die Mädchen und Jungen ihre klimpernden Münzbehälter beim Weltspartag mit einer gehörigen Portion Stolz am Glasschalter der Bank zur Entleerung abgaben. Zwischen 1959 und 1961 lieferte Siku an mehrere Geldinstitute eine fahrbare Bankfiliale im kleinen Maßstab aus – natürlich mit Münzschlitz und Schloss in der Bodenplatte. Eigens dazu hatten die Lüdenscheider den Büssing Reisebus OLU 55 Typ 8R/U5 miniaturisiert. Auf eine Inneneinrichtung konnte verzichtet werden, allein die dunkelblau getönte Verglasung sorgte für das modellbauerisch vorbildgerechte Erscheinungsbild. Gleichzeitig wurde damit der schnelle Blick ins „Münzgrab" genommen.

Wie so oft, wenn Innovationen sich den Weg in einer Branche bahnen, folgten zahlreiche Sparkassen und Volksbanken der Idee. Sie alle orderten die Siku-Spardose in Form der fahrbaren Bankfiliale. Der Büssing-Bus sollte eine besondere Bedeutung im Fertigungsprogramm der Lüdenscheider Modellbauer erhalten, immerhin galt schon zum Ende der Fünfzigerjahre die volle Konzentration dem umfangreichen Sortiment der Kunststoffmodelle. Dass es sich bei dem miniaturisierten Vorbild um den wendigen, damals recht seltenen Reisebus OLU 55 Typ 8R/U5 handelte, dürfte als Beleg dafür gewertet werden, dass man sich bei Siku eines tatsächlichen Vorbilds bedient hatte. Womöglich sogar ein Einzelstück.

Neben der obligatorischen Flanken- und Heckbedruckung mit dem Schriftzug des Bankhauses spendierte Siku der Spardose zusätzlich zahlreiche Pinselstriche – in Handarbeit, versteht sich. So wurde das Büssing-Logo vorne versilbert, Kühlergrill und Frontscheinwerfer erfuhren eine ebenfalls silberne Kolorierung. Die Blinker waren hinten orange, die Rückleuchten rot lackiert. Den Stoßstangen vorne und hinten wurde eine silberne Gestaltung gewidmet. Alles geeignet, um dem Auftraggeber eine attraktive Spardose an die Hand zu geben. Damit reihte sich die fahrbare Sammelbox für Münzen in eine Reihe authentischer Spardosen, die in den Fünfziger- und Sechzigerjahren vornehmlich aus Metall gefertigt wurden. Lediglich die Post ließ Briefkästen auftragsgemäß zu vorbildnahen Spardosen verkleinern. Innerhalb der Bankauswahl war der Büssing Reisebus OLU 55 Typ 8R/U5 eine willkommene Ausnahme.

Die Flowerpower-Jahre sind nicht spurlos an Siku vorübergegangen. Gerade die Welt der Verpackungen profitierte vom Zeitgeist und ließ das Regenbogendesign allgegenwärtig werden.

den Schulhöfen diskutierten Schüler damals leidenschaftlich über ihre Markenpräferenzen: Siku oder Wiking? Oder gar die Briten, zu denen sich immer öfter Matchbox hinzugesellte. Letztere waren zwar ebenso robust wie Siku-Autos, die jungen Besitzer haderten aber zuweilen mit der boxseitig erzwungenen Größengleichheit.

Die Lüdenscheider Modellbauer machten bei den Lkw-Modellen nun das vor, was ein hohes Maß an Wirtschaftlichkeit in der Konstruktion und der nachgelagerten Produktion erreichte. Fahrgestell, Fahrerhaus und Aufbauten wurden so gebaut, dass sie sich gleich für mehrere Produkte nutzen ließen. So sollte auf lange Sicht die Rechnung aufgehen, dass sich der teure Formenstahl dank beschleunigter Neuheiten und Umsätze erfreulich zügig amortisierte. Die neue Frontlenker-Generation von Magirus-Deutz kam gerade richtig, um ein zeitgenössisches kubisches Fahrerhaus mit der Aura der Modernität ins Programm zu holen. Der französische Designer Louis Lucien Lepoix, der 1961 schon für Henschel

Sammeln macht Spaß: 1976/77 zählte dieser Siku-Koffer zum Sortiment. Er sollte der Markenpräsentation dienen und die Sammelleidenschaft fördern.

Freizeitvergnügen muss sein: Der Ford Granada Kombi zog das Familienzelt und brachte das Schlauchboot gleich in den Urlaub mit. Genauso beliebt ist damals die Kombination mit dem Westfalia-Wohnwagen. Siku bildet in den Siebziger- und Achtzigerjahren immer öfter auch Freizeitaktivitäten und Fun-Cars ab.

die Zukunftsgeneration auf den Weg gebracht hatte und später noch für Büssing zeichnete, sollte die Kabinenoptik der neuen D-Serie für zwei Jahrzehnte prägen. Siku miniaturisierte das Fahrerhaus gleich zu Beginn und die Graveure im Haus – insgeheim gern als die eigentlichen Künstler gehandelt – schufen ein gelungenes Abbild des Originals: unprätentiös, aber authentisch.

Siku machte den neuen Magirus-Deutz zum Programm-Allrounder: Als dreiachsiger Muldenkipper – legendär blieb das hellblaue Fahrerhaus mit grauer Pritsche – fuhr der

In medizinischer Mission: Der erste Notarzt fährt 1973/74 im teilzivilen Audi 100 mit Dachschild und Heckfensteraufkleber in den Einsatz.

Urlaubsspaß auf dem Höhepunkt der Wirtschaftswunderjahre: Zwischen 1968 und 1971 gibt es das imposante Gespann des Opel Kapitän mit Wohnwagen.

Lkw genauso ins Sortiment wie als Betonmischer, Müllfahrzeug oder Hochbordkipper. Im gleichen Atemzug muss der Autotransporter genannt werden, dessen Auflieger als so spielattraktiv überraschte, dass er bis weit in die Neunzigerjahre hinein die Siku-Freunde erfreute. Manche Modelle gerieten so zur Punktlandung im Sortiment und damit zum erfreulichen Bestseller in der Umsatzstatistik. Wie auch 1968 der große Aral-Tankzug nach Schwelm-Aufliegervorbild, der damals mit der Henschel-Zugmaschine ins Programm fuhr. Das Fahrerhaus war kippbar, die Domdeckel sowie der Armaturenschrank ließen sich öffnen. Diese Zugmaschine sowie der zugehörige Auflieger sollten das Sortiment noch viele Jahre in zahlreichen Ausführungen begleiten. Kein Wunder, dass der Tankzug rasch zu den Modelllieblingen zählte. Dieser Tankauflieger war gemacht für die Babyboomer-Generation: Im Maßstab 1:60 gehalten und trotzdem ein kleiner Gigant auf dem Küchentisch. Das Vorbild stammte aus der Produktion des Schwelmer Eisenwerkes Müller & Co. und konnte sage und schreibe 37.000 Liter Sprit fassen – ein Riesentanker. Vor mehr als 50 Jahren lag der Aral-Auflieger von Siku unter Tausenden von Tannenbäumen. Es war ein weihnachtlicher Jungentraum und dazu noch ein Bestseller in den Spielzeugläden.

Wintersport liegt im Trend: Zwischen 1967 und 1969 bringt der Opel Rekord Caravan die Skier auf dem Dachgepäckträger gleich mit. Später erhält er zusätzlich zum Gepäck einen Bob spendiert.

Das letzte Mal zeichnet 1972 der Lüdenscheider Künstler Waldemar Runge mit sicherem Federstrich das Titelbild eines Siku-Katalogs. Die Epoche der händisch gemalten Prospekte geht endgültig zu Ende. Der Volvo-Hauber lässt keinen Zweifel an seinem Zweck: Sein Kran kann jederzeit das Motorboot zu Wasser lassen.

Gerade im Lkw-Bereich steigert Siku die Präsenz von Spezialfahrzeugen – vom Unimog bis zum Pistenbully.

Wie in der Wirklichkeit: Die beiden miniaturisierten 20-Fuß-Container lassen sich mechanisch fest auf dem Sattelauflieger verankern, sodass der Transport mit der Volvo-Zugmaschine problemlos möglich wird.

Wer einst die Siku-Autos aus Lüdenscheider Produktion favorisierte, erinnert sich heute auf Anhieb an die dunkelblaue Henschel-Zugmaschine mit weißem Dach, dahinter der zweiachsige Tankauflieger mit den großen blauen Aral-Lettern auf den Flanken. Als das Modell 1968 von Siku vorgestellt wurde, hatten die Konstrukteure nicht weit fahren

Zwischen 1981 und 1988 bringt der Mack Schwertransport eine immerhin 1,5 Meter lange Straßenbrücke ins Spielzimmer. Der Mercedes-Benz Actros hat es da mit der Garage schon etwas einfacher. Mit gekröpftem Planenauflieger erfüllt die Mercedes-Benz-Zugmaschine andere Logistikaufgaben.

müssen. Das Schwelmer Eisenwerk Müller & Co., damals einer der großen Tankwagenbauer im Land, hatte das Vorbild bereitgestellt. In den Wirtschaftswunderjahren sollte der Schwelmer Auflieger zu den wenigen Tankgiganten dieser Volumengröße gehören, die in den Sechzigerjahren die Mineraltransporte effizienter machten. Und auch beim Siku-Modell war der erhaben gravierte „Schwelm"-Schriftzug an der Tankerstirn unübersehbar.

Tatsächlich hatten die Modellbauer aus dem nahen Lüdenscheid bei der Vorbildauswahl ein glückliches Händchen bewiesen, als sie schon 1967 beim 35 Kilometer entfernten Tankwagenbauer vorbeischauten, um das

Immer voluminöser: Die US-Zugmaschinen beeindrucken schon wegen ihres neuen Maßstabs in 1:50 mit erheblichem Größenzuwachs.

Die schnellste Feuerwehr der Siku-Geschichte: Der Lamborghini Espada 400 GT rast gern als Rennfeuerwehr durch die Spielzimmer der Bundesrepublik.

damals mächtige Vorbild erst einmal in Augenschein zu nehmen. Auf der Rückfahrt hatten sie dann die Zeichnungen aus der Konstruktionsabteilung des Schwelmer Eisenwerks Müller & Co. in der Tasche und reichlich Fotos auf dem Film. Anschließend verging ein knappes Jahr, ehe das Schwelmer Vorbild 60-fach zum zweiachsigen Tankauflieger verkleinert war und auf der Nürnberger Spielwarenmesse 1968 Premiere feiern konnte. Gleichzeitig purzelten schon die silbergrauen Zinkdruckgussbauteile aus den Lüdenscheider Formen, wurden nass lackiert und zu einem kleinen Schmuckstück zusammengebaut. Es ließ Kinderherzen höherschlagen. Und auch beim

Der Maserati Boomerang mit chromblitzendem Motorblock im Heck und der eher biedere Audi 100 machen deutlich, wie reizvoll das Spannungsfeld im Spektrum miniaturisierter Vorbilder ist.

Tankwagenbauer war man von dem Modellergebnis angetan und orderte ebenfalls Werbemodelle mit Schwelm-Aufdruck. Heute sind die guten Stücke rar und bei Sammlern begehrt.

Tatsächlich zählte Schwelm in den Nachkriegsjahren zu den wichtigsten Produktionsstandorten für Tankfahrzeuge in Deutschland. Ganz gleich, ob Verteilfahrzeuge für die Versorgung der Haushalte mit Heizöl oder mächtige Tankauflieger zur Versorgung der Tankstellen, das westfälische Unternehmen gehörte zu den führenden Fahrzeugbauspezialisten jener Zeit. In Schwelm hatte der Karosseriebau schon in den Dreißigerjahren zu prosperieren begonnen, als man erste Tankwagen auf die Räder stellte. Verständlicherweise spiegelte sich die Omnipräsenz von Tankern im Alltag in der Siku-Spielwelt wider. Das Schwelmer Tankwagenmodell war mit 9,95 DM damals das teuerste Siku-Produkt, bot aber auch Details wie beim Original.

Nicht nur, dass sich die sechs Domdeckel öffnen ließen, auch die drei Türen am beifahrerseitigen Armaturenschrank konnten aufgeklappt werden. Außerdem brachte der schwere Siku-Auflieger für den Spielbetrieb gleich vier Füllschläuche mit; die jungen Besitzer waren stundenlang beschäftigt. Nirgendwo sonst purzelten in den Siebzigerjahren so viele Autos aus den Formen wie in Lüdenscheid – der Henschel-Tanker zählte viele Jahre dazu. Die heutige Väter-Generation hatte im Jungen-Alter diesen Aral-Tankwagen rasch ins Herz geschlossen. Nach seiner Premiere 1968 entpuppte sich das 24 Zentimeter lange Modell auch wegen seines Spielwerts als Bestseller und sollte im Spielwarenhandel alsbald zum meistverkauften Tankwagenmodell der Siebzigerjahre werden.

1969 gab es endlich wieder einen großen Kranwagen. Auf Basis des Metz-Drehleiter-Fahrgestells fuhr der Kurzhauber mit Doppelkabine ins Programm. Neben der Kranfunktion konnte er auch als Abschleppwagen eingesetzt werden. Mit dem Hanomag Robust 900 freuten sich Siku-Freunde über einen Schlepper der neuesten Generation. Wieder

Ein Jubiläum, das Siku gern feiert: Zu 100 Jahre Automobil gratulieren die Lüdenscheider der Branche 1986 mit einer standesgemäßen Werbung.

Vom klassischen Hanomag-Hängerzug über den Schwelmer Total-Tankzug bis hin zum Mercedes-Benz Sattelzug mit Vierfach-Garage – die Kreativität von Siku kennt über Jahrzehnte hinweg kaum Grenzen.

gab es einen neuen Markttrend – Siku reagierte 1970 schnell. Kurzerhand gingen die ersten neun „Siku-Flitzer" an den Start. Es war eine schnelle Antwort auf die „heißen Räder" und die Superfast-Innovation der Spielzeugimporteure. Die Felgen erfuhren eine auffällige Bicolorgestaltung und die Fahreigenschaften waren deutlich rasanter als die der anderen Pkw im Programm. Der Erfolg ließ nicht lange auf sich warten. Zum 50-jährigen Jubiläum im Jahr 1971 konnte die nur neun Jahre zuvor gestartete Zinkdruckgussserie schon 118 Miniaturen präsentieren. Kurt Sieper gab im gleichen Jahr aus Altersgründen die Führung an seinen Bruder Werner ab. Dessen Sohn Volker trat im Folgejahr mit 30 Jahren in das Unternehmen ein und übernahm rasch Führungsverantwortung.

In der Zwischenzeit gab Siku der Marke immer wieder gestalterische Impulse – so-

Der Ford Cargo fährt in den Farben von Coke, während der Volvo Hängerzug die Werbung für Dachser trägt.

wohl im Markauftritt als auch in der Verpackungsgestaltung. Zwischenzeitlich wurden die Z-Kartons auf transparente Displayverpackungen umgestellt. 1972 wurde mit dem gestalterischen Engagement von Studio 70 die Bildmarke auf das einprägsame Regenbogen-Design umgestellt. Die gesamte Prospekt- und Verpackungslinie wurde vereinheitlicht, sogar der Auftritt auf der Nürnberger Messe angepasst. 1973 stand der Abschied vom traditionellen Schriftzug an, der sich dann 1994 im bis heute immer wieder angepassten roten Markenlogo wiederfindet. Spätestens 1975 mit der Umstellung auf den Maßstab 1:55 bei gleichzeitiger Einführung eines vierstelligen Artikelnummernsystems mit Preisgruppenerkennbarkeit erhielt das Siku-Sortiment ein neues Gesicht. Dem Fachmagazin „Spielzeugmarkt“ waren die auf Schritt und Tritt sichtbaren Veränderungen im Unternehmens-, Marken- und Sortimentsauftritt im Mai 1975 gleich eine Titelstory wert. Die Headline lautete: „Markgerecht beschleunigt!“ Niemandem blieb verborgen, dass an der Schlittenbacher Straße in Lüdenscheid die Zeitenwende konsequent vollzogen wurde. „Wenn die Tradition die Flexibilität angreift, ist dies der späteste Zeitpunkt, an dem mit der Tradition gebrochen werden muss“, wurde Volker Sieper zitiert. 1975 zählten zum Sortiment 85 Spielzeugmodelle, vier mehr als noch 1973. 1976 sollten es schon 90 Artikel sein, 1979 schnellte die Anzahl der Produkte gar auf 103 hoch. Siku entwickelte sich so dynamisch im Markt wie kaum eine andere Marke der Branche.

Immer wieder knüpfte Siku an die großen Auto-Baureihen der Nachkriegsjahrzehnte an – auch nach 1974, als Mercedes-Benz die neue Generation des Unimog vorstellte. Die Baureihe 425 durfte sich bei den Siku-Neuheiten rasch über gleich mehrere Maßstäbe freuen. Zunächst innerhalb der Super-Serie in 55-facher Miniaturisierung, später im Maßstab 1:32 für die Farmer-Serie. Der neue Unimog, den Mercedes-Benz mit seinem fahrzeugbrei-

Siku setzt sich immer wieder neu in Szene: Dank der immer gleichen Fotografie von Studio 70 erhalten die Neuheiten eine visuelle Dynamik, die zugleich einen Hauch von Ästhetik bedeuten. Fußgängerbrücke und ADAC-Rettungshubschrauber werden so als Beladung akzentuiert.

Ein Unimog, drei Maßstäbe: In 1:55 (1984), in 1:32 (1989) und in 1:27 (1980) entstehen die verschiedenen Modelle nach gleichem Vorbild.

ten Kühlergrill optisch der damals marktaktuellen NG-Baureihe („New Generation") anpasste, schrieb modellbauerisch bei Siku eine ganz individuelle Story. Der Superlativ der Zinkdruckguss-Geschichte gelang Siku im Ausnahme-Maßstab 1:27. Die Modellbauer ließen den Unimog 1980 aus den Lüdenscheider Formen purzeln, so schwer und robust wie kein anderes Modell zuvor. Dazu gab es einen passenden Zweiachsanhänger.

Im gleichen Maßstab sollte noch der Muldenkipper aus der letzten Magirus-Eckhauber-Generation hinzukommen, mit sage und schreibe drei Kilogramm Gewicht ein ebensolches Schwergewicht. Gemeinsam mit dem Unimog blieb das 1:27-Duo in dieser Dimension – jeder für sich – ein viel beachtetes Einzelstück. Der damals neue Gaggenauer Unimog-Gigant mit seinen zwei Kilo Gesamtgewicht, dessen Vorbild das Gesicht

Auch beim Gewicht super: Der Unimog in 27-facher Miniaturisierung entsteht in allen Bauteilen aus kiloschwerem Zinkdruckguss. Sogar ein Zweiachsanhänger steht bereit.

In solchen Blöcken wird das Metall für den Zinkdruckguss angeliefert, ehe es verflüssigt in Siku-Formen geschickt wird.

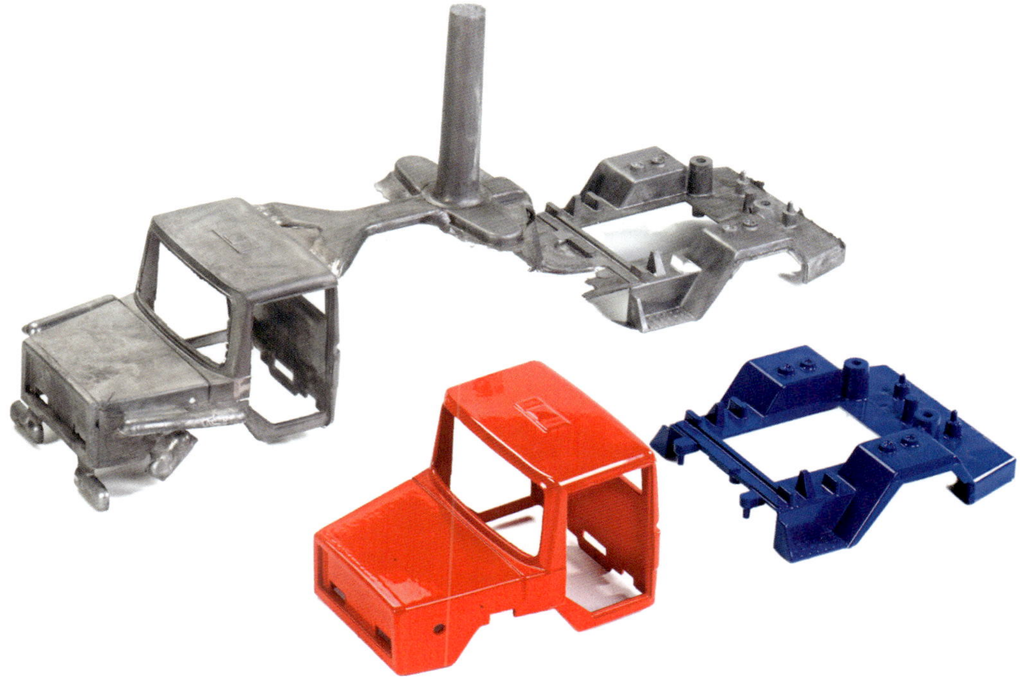

Mächtig und gewaltig: Der Muldenkipper auf dem Magirus Eckhauber-Fahrgestell in 1:27 bringt gute drei Kilogramm Gewicht auf die Waage – dem Zinkdruckguss sei Dank.

der Allrad-Vielzweck-Baureihe bis weit über die Jahrtausendwende prägt, brillierte mit Fahrerhaustüren, die sich ebenso mühelos öffnen ließen wie die Bracken der Pritsche. Und weil der Zinkdruckguss-Mammut schier unverwüstlich war, eignete er sich dank seiner profilierten Gummibereifung nun wirklich für jedes Sandkastenabenteuer. Hacke und Schaufel aus blitzblankem Zinkdruckguss gab es im Vorstellungsjahr 1980 dazu.

Das Programm bot immer wieder ein spannungsreiches Abbild der Verkehrswelt. Der VW Golf I eröffnete bei Siku 1977 eine erfolgreiche Typenchronologie, während der VW 181 Kübelwagen als Fun-Car mit Schlauchboot und als Feuerwehr-Einsatzleitwagen erschien. Angesichts der Exporterfolge nahmen die Lüdenscheider ab 1987 immer wieder Vorbilder internationaler Lkw-Hersteller ins Visier. Mit dem Kenworth Sandtransporter wurde ein typisch amerikanisches Vorbild miniaturisiert. Im gleichen Jahr erschien der Großbausatz der Shell-Tankstelle, der alle Details enthielt.

Dazu gehörten Waschstraße und Autowerkstatt ebenso wie umfangreiches Zubehör – vom Staubsauger bis zum Luftdruckmesser. Weil sie handlich und kindgerecht war, stellte Siku 2000 die neue Club-Serie vor. Dabei handelte es sich ausnahmslos um kleine Lkw-Modelle. Wichtigster Unterschied zu den bisherigen Blisterfahrzeugen: Die Modelle überstiegen nie die Länge von 75 Millimetern und waren deshalb auch in unterschiedlicher Maßstabsgröße gehalten. Gerade die Club-Serie sollte sich zum Schnelldreher und Impulsartikel entwickeln, sodass sie 1993 in die 1000er-Serie integriert wurde. 1993 folgte der beeindruckende Doppeldeckbus, der nach dem Vorbild des Mercedes-Benz O 404 DD auf der Nürnberger Spielwarenmesse Premiere feierte. Letztlich sollte das Vorbild der 1:55-Miniatur keine weitere Marktverbreitung finden, weil der Reisebus bei Mercedes-Benz nicht in Serie ging.

4

Leuchttürme an der Straße und im Kinderzimmer

Dort fanden Siku-Autos täglich ihr Zuhause

ARAL
PARKING-STATION
ARAL
AUF
STOP

Es war die Heimat der Siku-Autos, ihr Zuhause. Dort wurden sie abends abgestellt, um auf den neuen Tag zu warten. Parkhäuser, Tankstellen und Autohäuser. Zwischen 1960 und 1980 besaß sie nahezu jeder, anfangs aus Blech, dann mal aus Holz, mal aus Kunststoff: Eines dieser Bauwerke, die oft eine Mischung aus allem darstellten. Hauptsache wirklichkeitsnah, der Maßstab spielte keine Rolle.

Im Spielwarengeschäft hießen sie schlicht und einfach Parkgarage und wurden damit ihrer spielerischen Funktion auch namentlich gerecht. Wie viel Zeit hatte die Generation der Babyboomer nicht damit verbracht, ihren Autofuhrpark en miniature dort ein- und ausfahren zu lassen. Die tollsten Episoden, die ein frühes Jungenleben schrieb – hier ereigneten sie sich! Dass diese Parkgaragen mit einer Länge von stets über einem halben Meter zum Machtzentrum des spielerischen Tuns wurden, lag schon allein an ihrer Größe. Hier fühlten sich die Siku-Autos wohl, andere Baugrößen zwischen 1:32 und 1:87 gesellten sich friedvoll hinzu, spielten aber eine Nebenrolle.

Der Grund für die Faszination einer Tankstelle lag in der erlebten Wirklichkeit. Sie waren in all den Nachkriegsjahrzehnten Leuchttürme entlang der Straße, die als Oasen zum Luftholen dienten, wenn sich die Familie in den Urlaub aufmachte. Siku fand früh zu den Kraftstoffstationen und ihren mächtigen Lieferanten, den Tankwagen. Mitte der Fünfzigerjahre fuhr der Strüver-Tankauflieger

Gerade die Versandhäuser in der Bundesrepublik forcieren den Verkauf der ausschließlich aus Kunststoff gefertigten Parkgaragen. Sie können als Bausatz per Postversand zugestellt werden. Big soll bis weit in die Siebzigerjahre hinein die Position als großer Stückzahlenlieferant halten können.

Hertie lockt 1969 mit seinem Weihnachtsprospekt die ganze Familie in die Filialen. Parkgaragen gehören schon damals zum Angebot.

Der Schwelm-Tanksattelzug, erst mit Henschel-, dann mit Hanomag-Henschel-Zugmaschine, garantiert die Kraftstoffversorgung.

ins Programm. Gezogen von der mächtigen Henschel-Frontlenker-Zugmaschine wurde der voluminöse Tanker nach dem Vorbild der Hamburger Fahrzeugbauer ab 1955 produziert. Erst als rotgelber Sattelzug mit dem Flankenschriftzug von Strüver, im Jahr darauf in den Farben des Benzol-Verbandes BV Aral mit blauer Zugmaschine und silbergrau gespritztem Auflieger und schließlich im typischen Shell-Auftritt. Im Jahr darauf folgten die Gestaltungsvarianten in Esso-Rot und in der Tankstellenneugründung PAM. Passend dazu gab es die Tankstelle mitsamt Personal – der Tankwart hielt die Zapfpistole zur schwungvollen Bedienung gleich in der Hand.

In den Sechzigerjahren fiel die Auswahl der richtigen Parkgarage, zu der pflichtgemäß

Der Mercedes-Benz Peterwagen rollt schwungvoll die Rampe hinunter, während der Ford P3 und der Ford P7 den Aufzug bevorzugen.

Der Ford Transit der ersten Stunde steht als Tragkraftspritzenfahrzeug bereit.

eine Tankstation gehörte, immer schwerer. Es tummelten sich immer mehr Anbieter, die die Entscheidung schwerfallen ließen. Und nur allzu verständlich war die Reaktion der Spielwarenhändler auf die dauerhafte Nachfrage des Marktes, weil sie es für notwendig erachteten, gleich mehr als ein halbes Dutzend dieser Parkgaragen anzubieten. Wir erinnern uns: Meist standen sie ganz oben auf dem Regal, sorgsam nach Größe nebeneinander aufgereiht. Und natürlich gehörte der fränkische Anbieter Löhrmann zu den Platzhirschen in diesem Segment. Die Parkgaragen-Erbauer jener Jahre wussten, was das Jungenherz begehrte. Löhrmann ließ anfangs seine mehrgeschossigen Konstruktionen als Bausatz ausliefern. Das Prinzip sollte sich zum Standard entwickeln. Auf der Bodenplatte präsentierte sich eine stets markentaugliche Tankinsel mit zwei Säulen, unweit daneben befand sich Hebebühne, und die offene Werkstatt lud dazu ein, schon im Parterre spielerisch aktiv zu werden. Weil der individuelle Autofundus natürlich deutlich mehr Stellfläche bedurfte, hatte Löhrmann mindestens noch zwei, manchmal sogar drei Etagen geschaffen – zum Parken versteht sich. Und der Vorteil lag auf der Hand: Je nach eigenem Siku-Autopark konnten die Geschosse in bester Manier bestückt werden. Das machte einfach nur Spaß und ließ die Stunden im Nu vergehen. Jeder, der es mal erlebt hat, weiß, wie sehr die Gedanken in die Autowelt eintauchten – es gab kein Entrinnen. Die Faszination nahm sich ihren Raum.

Der Mercedes-Benz 406 ist mit reichlich Paketen beladen.

Der Ford Pick-up übernimmt als Abschleppwagen den Siku-Service.

1 Hochgarage, Auffahrt, Handaufzug, Grundfläche 60 x 35 x 40 cm
Best.-Nr. 346 005 DM 34.50

Eine kleine Auswahl aus unserem reichhaltigen Angebot an Modellautos:

Gorgi-Toys:

2 Daktari-Set	312 004	DM	25.—
3 Transporter	312 005	DM	15.90
4 Polizei-Porsche	305 001	DM	6.90
5 Pontiac	301 006	DM	6.90
6 Alfa Romeo	301 007	DM	4.95
7 Lamborghini	301 005	DM	7.90

Schuco:

8 Audi 100 Coupé	301 716	DM	1.40*
9 Ford Capri	301 713	DM	1.40*
10 Polizei-Porsche	301 722	DM	1.40*
11 VW-Porsche 914S	301 723	DM	1.40*
12 Opel Commodore	301 719	DM	1.40*
13 BMW 2800 GS	301 712	DM	1.40*

Matchbox:

14 LKW-Kipper	303 629	DM	5.—*
15 Bagger	303 637	DM	5.—*

Märklin:

16 Ford Capri	304 115	DM	6.90
17 ADAC-VW	304 107	DM	6.90
18 VW 411 Best.-Nr.	304 116	DM	6.90
19 BMW 2000 CS	304 102	DM	6.90
20 BMW 2002	304 114	DM	6.90

21 Hochgarage, Auffahrt, Handaufzug, Waschhalle, Grundfläche 60 x 30 x 30 cm
Best.-Nr. 346 003 DM 19.90

Garage mit elektrischem Aufzug
Best.-Nr. 346 004 DM 29.90

Dinky Toys:

22 Ford Capri	301 009	DM	8.50
23 Corvette	301 008	DM	8.95
24 Ro 80	301 003	DM	8.50

Siku:

25 Kranwagen	314 001	DM	6.95
26 Krankenauto	302 002	DM	2.95
27 Feuerwehr	315 002	DM	6.95
28 Postauto	302 001	DM	3.95

Matchbox:

29 Koffer	303 601	DM	11.50*
30 Tieflader	303 627	DM	10.—*
31 DAF-Transporter	303 635	DM	7.50*
32 LKW Best.-Nr.	303 501	DM	1.40*
33 Anhänger	303 502	DM	1.40*
34 Lotus Europa	303 505	DM	1.40*
35 Motorradtransporter Best.-Nr.	303 538	DM	1.40*
36 Mercury-PKW	303 562	DM	1.40*
37 Wohnwagenanhänger Best.-Nr.	303 576	DM	1.40*
38 Traktor Best.-Nr.	303 539	DM	1.40*
39 Heuanhänger	303 540	DM	1.40*

Von Sio aus den Niederlanden stammt dieses zweigeschossige Exemplar, das bewährten Spielspaß beschert. Zahlreiche Hersteller befruchten sich bei der baulichen Ideenfindung gegenseitig – die Parkgaragen ähneln sich, variieren allenfalls in der Zahl der Parketagen und in der Qualität der Ausstattung. Der Mix aus Tankstelle, Werkstatt und Parkhaus begeistert Jungen über viele Jahrzehnte.

Wer glaubt, dass Parkgaragen ein nur deutsches Thema waren, der irrte. Tatsächlich ging der französische Hersteller Depreux früh in eine kreative Offensive, die es innerhalb weniger Jahre auf sage und schreibe über zwei Dutzend dieser ein- bis mehrstöckigen Parkhäuser brachte. In Deutschland stand Löhrmann in der Gunst des Handels weit vorn, weil er die meisten Details einbaute. Nur wenige Jahre konnte der sparsame Weihnachtseinkäufer sogar noch einen flachen Bausatzkarton erwerben, um die Adventssonntage damit zu verbringen, das Heiligabend-Präsent für den Sohn des Hauses eigenhändig zusammenzuschrauben. Nicht immer eine einfache Aufgabe, denn einfache Elektrik für die Beleuchtung fand sich dort ebenso wieder wie schlichte Mechanik für den Aufzug. Als zweitgrößter Anbieter erwies sich in den späten Sechzigerjahren die niederländische Firma Sio und schließlich kamen auch Hersteller wie Big oder Wader auf den Gedanken, Parkgaragen aus Kunststoff statt aus Holzbauteilen zu fertigen.

Der Spielzeugkatalog jener Jahre macht es deutlich: Mit den Maßstäben 1:40 bis 1:60 lässt sich die Wirklichkeit rund ums Parkhaus ins Kinderzimmer holen. Autos können in der Garage oder im Showroom darüber platziert werden.

Ein Unikat: Der Tankfahrzeugbauer Ersterer aus dem hessischen Helsa baut eigens für den Aral-Renndienst einen Tankwagen, der zugleich Stationscharakter besitzt. Beim Siku-Modell sind sowohl der Aral-Diamant als auch die Markise ausfahrbar.

Der Aral-Tanksattelzug, der seinerzeit beim Schwelmer Eisenwerk in der Lüdenscheider Nachbarschaft gebaut wird, begleitet ganze Kindergenerationen.

Mit einer modulartig konstruierten Tankstelle nach Shell-Vorbild überraschte Siku 1987 auf der Nürnberger Spielwarenmesse. Ein einfaches, aber robustes Stecksystem machte es auch Kinderhänden möglich, den Stationsbausatz wirklichkeitsnah entstehen zu lassen.

An die Spitze des Trends stellte sich der Diplom-Ingenieur Ernst A. Bettag, der 1954 die Fürther Metallwarenfabrik Johann Höfler übernommen hatte und zwei Jahre später seine Produktion auf Kunststoffspritzguss umstellte. Ihm gelang es, dass sein Big-Parkhaus schon in den frühen Siebzigerjahren in jedem Weihnachtskatalog zu finden war. Der Vorteil seiner vielen hunderttausendmal gebauten Tankstellen war der einfach montierbare Bausatzcharakter. Versandhäuser verschickten das begehrte Weihnachtspräsent, im Handel gab es weder Lager- noch Transportprobleme. Und auch das DDR-Kombinat Holzspielwaren Vero wurde einst kreativ und baute in gleicher Größendimension kleine und große Tankstellen mit integriertem Parkhaus nach. Während es „im Westen“ Marken wie Aral, Esso, Caltex oder Shell waren, fuhren die DDR-Jungen natürlich bei Minol vor. Für Vero erwiesen sich Parkgaragen alsbald als rentabler Exportschlager, weil weniger der bundesdeutsche Fachhandel zum grenzüberschreitenden Importspielzeug griff, als vielmehr die durchaus im Spielwarenhandel dominierenden Katalogversender wie Quelle, Neckermann oder Otto-Versand. Weil es dem Verkauf diente, flaggte Vero dann mal gern farbengleich Shell statt Minol. Und natürlich waren es Aral und Esso, die selbst die Spielidee des Tankstellenbaus vorantrieben und eigene Bausätze an den Markenstationen verkauften – Werbung in eigener Sache konnte so kindgerecht sein.

Siku stand bei der Entwicklung im Mittelpunkt und griff zwischenzeitlich mit einem eigenen Aral Tankstellen-Bau-Service in die

Passend zum Schwelmer Tankauflieger erscheint der Aral Tankstellen-Bau-Service, der in den Siebzigerjahren eine Station als Bausatz gleich mitbringt.

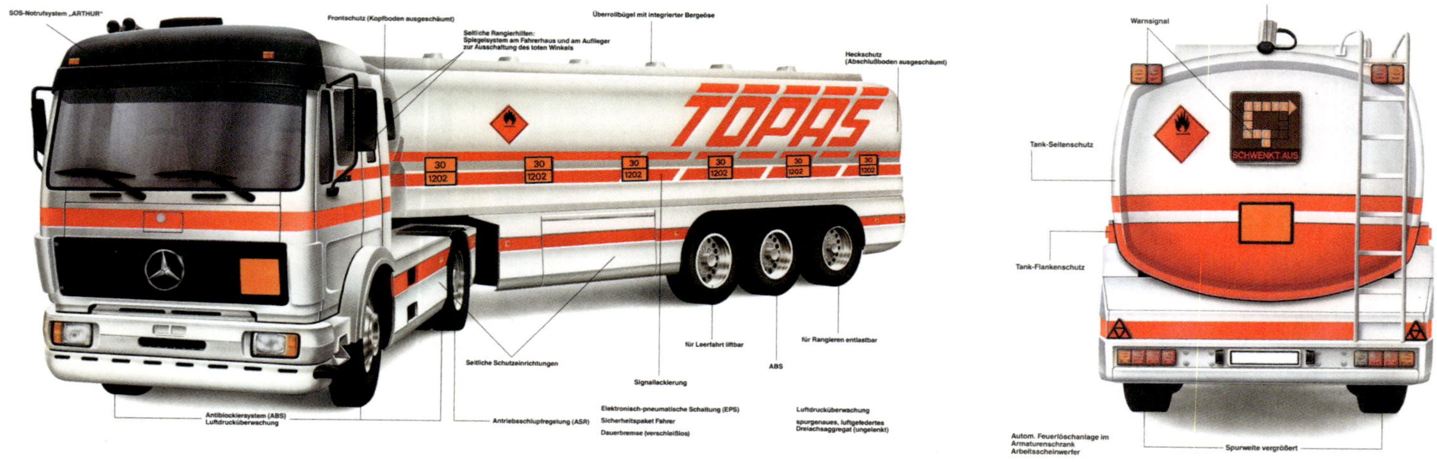

Der Topas gilt als „Tankfahrzeug mit optimierten passiven und aktiven Sicherheitseinrichtungen“, dessen Entwicklung 1980 beginnt und bis Anfang 1987 abgeschlossen wird. Er vereint viele Maßnahmen, die den Sattelzug optisch besonders machen.

Entwicklung ein. 1974 wurde auf Basis des Hanomag-Henschel ein Sattelzug vorgestellt, der es möglich machte, aus wenigen Teilen eine vorbildgerechte Aral-Station zusammenzubauen. Der Bauzug sollte sich als so erfolgreich erweisen, dass er 1978 mit der Zugmaschine des Volvo F10 aktualisiert wurde und immerhin bis 1985 im Programm verblieb. Dank regelmäßiger Modellneuheiten griffen die Lüdenscheider wichtige Trends auf und schufen damit Sortimentsattraktivität. Nach dem 1968 vorgestellten Aral-Tankauflieger mit der Henschel-Zugmaschine F201S-2A, der schon wegen seiner zahlreichen beweglichen Funktionen aufhorchen ließ, folgte 1971 der Aral-Renndienst. Das Vorbild hatte der Fahrzeugbauer Esterer aus dem nordhessischen Helsa vorher für die Betankung am Rande der Rennstrecken auf den Weg gebracht. Der kompakte Tankwagen auf dem Fahrgestell des MAN 8.156 F machte schon deshalb Spaß, weil ihn die meisten seiner jungen Käufer nur vom Hörensagen kannten. Die seitliche Tankklappe konnte zum Betanken der Rennwagen geöffnet, das Fahrzeug mit dem aufsteckbaren Aral-Werbediamanten zusätzlich aufgerüstet werden – alles in allem ein Hingucker. Der steht für den grundsätzlichen Wandel des Corporate-Design der Marke Aral. Anfangs gab es den Esterer-Tankwagen in ultramarinblauer, zuletzt dann in hellerer, himmelblauer Lackierung.

Vor allem im Karosseriebau, der bei Haller in Stuttgart-Feuerbach erfolgt, ergeben sich sicherheitstechnische Veränderungen zu klassischen Tanksattelzügen, die auch beim Siku-Modell augenfällig sind.

Wie das große Vorbild: Entwickelt wurde der Topas-Tanksattelzug auf Grundlage einer Studie des TÜV und mit Fördermitteln der Bundesregierung im Rahmen einer Studie, die von Daimler-Benz, dem Fahrzeugbauer Haller, der Spedition Raab Karcher und dessen Fuhrparkleiter Helmut Busch in den Achtzigerjahren unterstützt wird.

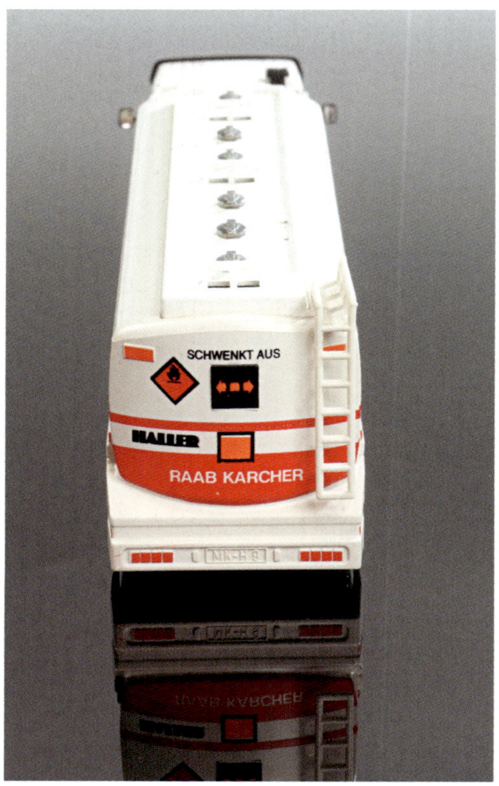

Dank der filigranen Bedruckung, die Siku 1989 der Topas-Neuheit widmet, finden sich die zahlreichen Sicherheitsfeatures am 1:55-Modell wieder.

Die Entwicklung riss nicht ab. 1987 gab es den Bausatz einer Shell-Tankstelle, die heute im Original-Zustand längst als Rarität gilt. Zwischenzeitlich sorgte Siku immer wieder für eine zeitgemäße Spritversorgung. Als Dauerläufer sollte sich der heute schon legendäre Topas-Tankzug erweisen. Das kurz Topas genannte Versuchsprojekt stand für ein „Tankfahrzeug mit optimierten passiven und aktiven Sicherheitseinrichtungen", dessen Entwicklung 1980 begonnen hatte und 1987 abgeschlossen wurde. Der Tankwagen wirkte schon deshalb innovativ, weil er mit zahlreichen Sicherheitseinrichtungen ausgestattet wurde, die die in der Vergangenheit geschehenen schweren Unfälle mit Tanklastzügen vermeiden sollten. Insbesondere der aufwendig karossierte Unterfahrschutz machte das Siku-Modell so attraktiv und bis heute zeitlos aktuell. Entwickelt wurde das Vorbild auf Grundlage einer Studie des TÜV

Die Sicherheitsstandards bringt Topas allein schon wegen der technischen Erkenntnisse voran. Aufgrund der kostspieligen Ausstattung soll das Vorbild allerdings kein Verkaufserfolg werden.

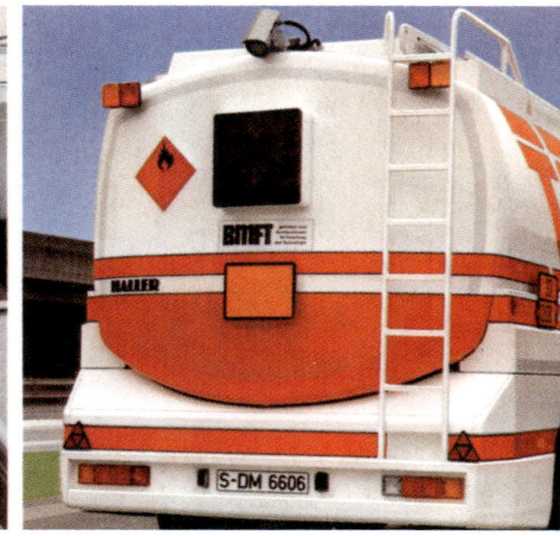

und mit Fördermitteln der Bundesregierung im Rahmen einer gleichnamigen Studie von Daimler-Benz, dem Tankfahrzeug-Hersteller Haller, der Spedition Raab Karcher und dessen Fuhrparkleiter Helmut Busch. Andy Andresen hat dem Siku-Tankzug und seinen zahlreichen Varianten ein eigenes imposantes Buch gewidmet. Dokumentiert sind dort alle Versionen, inklusive der Varianten für Minol, Elf und Total.

Minol setzt 1991 den Topas als erstes Werbemodell ein. Der einstige DDR-Markenmonopolist hatte zuvor einen Markenrelaunch hinter sich gebracht.

Andy Andresen hat 2024 ein ganzes Buch geschrieben und die Werbemodelle des Topas-Tankaufliegers von Siku in Wort und Bild festgehalten.

Die Geschichte der einstigen DDR-Kraftstoffmarke im Modell: Der Minol-Konzern wird in den Neunzigerjahren erst vom französischen Staatskonzern Elf Aquitaine, dann von Total übernommen. Alle halten Siku die Treue und geben Werbemodelle in Auftrag.

5

Generationen wollen Erlebniswelten immer wieder neu entdecken

Große Themen: Feuerwehr, ADAC und Baustellen- und Kommunalfahrzeuge

Nur zwei Jahre müssen die neu gewonnenen Freunde des 1:60-Modellsortiments warten, ehe die Mercedes-Benz Drehleiter DL 25h von Metz auf Langhauber-Fahrgestell ins Programm fährt. 1956 soll es so weit sein – die Metz-Drehleiter ist angesichts ihrer Bauform mit Staffelkabine bis heute ein modellbauerisches Schmuckstück geblieben.

Siku startete mit einem Feuerwehrauto und sollte damit ein Lieblingsthema befeuern, dass gestern wie heute die später häufig so genannten Blaulichtliebhaber jeden Alters faszinierte. Drei Jahre nach der Währungsreform hatte man bei Richard Sieper & Söhne zum Aufbruch geblasen – mit dem ersten funktionsreichen Feuerwehrspritzenwagen. Den Händlern auf der Nürnberger Spielwarenmesse präsentierte sich ein Spielzeug, das sich allein schon durch seine intensiven Farben im voll durchgefärbten Kunststoff von den auf den meisten Ständen weit verbreiteten Metall-Spielzeugen mit bedrucktem Zinnblech unterschied. Mit dem Feuerwehr-Spritzenwagen lieferten die Lüdenscheider ihr erstes Großspielzeug ab – kein Gesellenstück, auf Anhieb ein kleines Meisterwerk. Der Artikel „121“ stand am Anfang einer Serie von Einzelspielzeugen, die im Verlauf der Fünfzigerjahre das Programm sukzessive erweiterten.

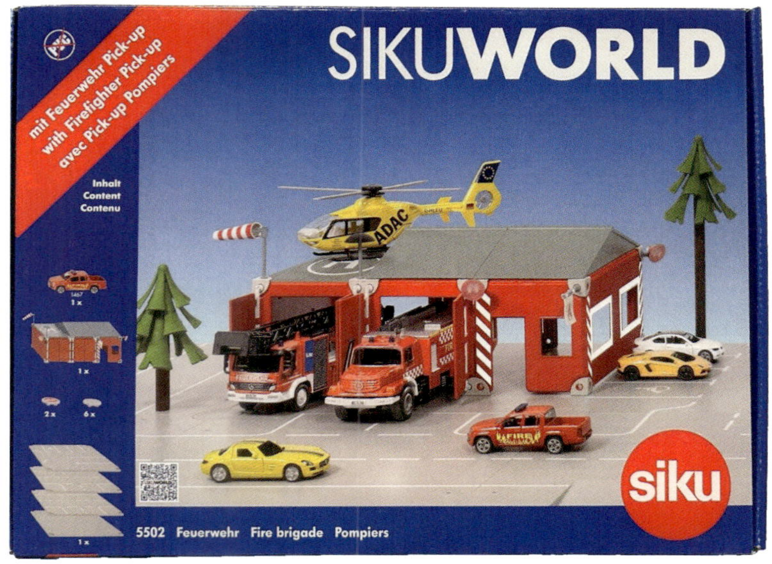

Gestern wie heute finden Generationen von Kindern Gefallen am Feuerwehr-Thema. So besitzt es in der Siku World von heute einen bedeutenden Stellenwert.

Das Löschzug-Duo aus den Anfangsjahren: Die Drehleiter DL 25h und das Löschfahrzeug LF 15 mit heckseitiger Schlauchhaspel.

Der Feuerwehrspritzenwagen geht 1951 – damals als Großmodell – ins Rennen um die Gunst der Käufer. Der Holzblock entsteht nach einer technischen Skizze, wird dann für den Formenbau des Kunststoffmodells herangezogen.

Das SIKU-Plastik-Feuerwehrauto

Liebe SIKU-Freunde!

Das **SIKU-Plastik-Auto** ist ein Geschenk, das Euch viel Freude bringen will. Es weist viele neue Spielmöglichkeiten auf und macht es Euch möglich, alles das zu tun, was die moderne Feuerwehr bei der Brandbekämpfung usw. macht.

Wenn Ihr den Wagen fahren lassen wollt, dann braucht Ihr keinen Schlüssel, kein Uhrwerk aufzuziehen. Der Wagen kann sofort starten. Ihr hebt die Vorderräder, die sonst nur bremsen, leicht hoch, reibt die Hinterräder kurz und kräftig über den Boden und laßt los. Schon arbeitet der **Schwungradantrieb** und treibt den Wagen 10 Meter weit. Gleichzeitig setzt mit lautem Geheul die **Sirene** ein. Wenn Ihr es einige Male ausprobiert habt, klappt das tadellos. Der Antrieb ist ganz massiv und solide gearbeitet und hält dadurch fast unbegrenzte Zeit. So könnt Ihr den Wagen immer wieder aufsetzen und fast ohne Unterbrechung fahren lassen.

Das Auto fährt **vorwärts** und **rückwärts**, nimmt leicht **Steigungen bis 50°**.

Durch das Steuerrad könnt Ihr den Wagen **lenken**, er läuft geradeaus, im Bogen, im Kreis usw., ganz wie Ihr es einstellt.

Die **Leiter** ist in jeder Höhenlage feststellbar, sie läßt sich nach allen Seiten schwenken. Dreht Ihr die Kurbel, wird sie ausgefahren. Genau wie bei einem großen Feuerwehrauto könnt Ihr sie überall heranbringen.

5 kleine naturgetreu modellierte und bemalte Feuerwehrleute bilden die Mannschaft. Der Fahrer sitzt fest hinter dem Steuerrad. Die anderen 4 lassen sich überall anbringen. Während der Fahrt stehen sie eingeklemmt in den Vertiefungen an der Seite und hinten in Bereitschaft. Mit dem Haken nach unten gedreht können sie eingehakt überall auf der Leiter stehen, mit dem Haken nach oben können sie das Sprungtuch halten usw.

Mit dem **SIKU**-Plastik-Feuerwehrauto könnt Ihr aber auch **Löschen.** Wenn Ihr die Spritzdüse des Schlauches dem Spritzenführer unter die Arme schiebt, könnt Ihr ihn einsatzbereit auf die Leiter oder auf den Boden stellen. Ein leichter Druck auf den Gummiwasserbehälter und schon spritzt ein feiner Strahl bis 5 Meter weit. Genau so einfach ist das Füllen. Ihr steckt das Schlauchende ins Wasser, drückt den Wasserbehälter ein, der sich rasch vollsaugt und schon kann das Löschen wieder beginnen. Alles ganz einfach und garnicht kompliziert. Auch Eure kleinen Geschwister können es mit Leichtigkeit, ohne, daß irgendetwas dabei beschädigt werden kann.

Auch das zusammengerollte **Sprungtuch** gehört zur Feuerwehr. Ihr könnt es ausrollen und durch die Feuerwehrleute halten lassen. Eine Seite läßt sich auch am Wagen festmachen, sodaß schon 2 Feuerwehrleute zum Halten auf der anderen Seite genügen.

Achtet auf die Scheinwerfer, sie **leuchten** im Dunkeln.

Ihr braucht auch nicht Angst zu haben, daß dieses Geschenk nur kurze Zeit hält. Alle Teile sind ganz massiv und solide gearbeitet. Plastik ist fast unzerbrechlich, rostet nicht, verbiegt sich nicht, es färbt nicht ab, es hat keine scharfen Kanten zum Verletzen wie dünnes Blech. Wenn das Auto mal hinfällt, so schadet das garnichts, denn es soll ja ein Spielzeug sein, das schon etwas aushält.

So, jetzt wißt Ihr Bescheid. Laßt Euch durch dieses Geschenk viele frohe Stunden bereiten. Es wünscht Euch viel Spaß und Zerstreuung

Euer SIKU-Berater

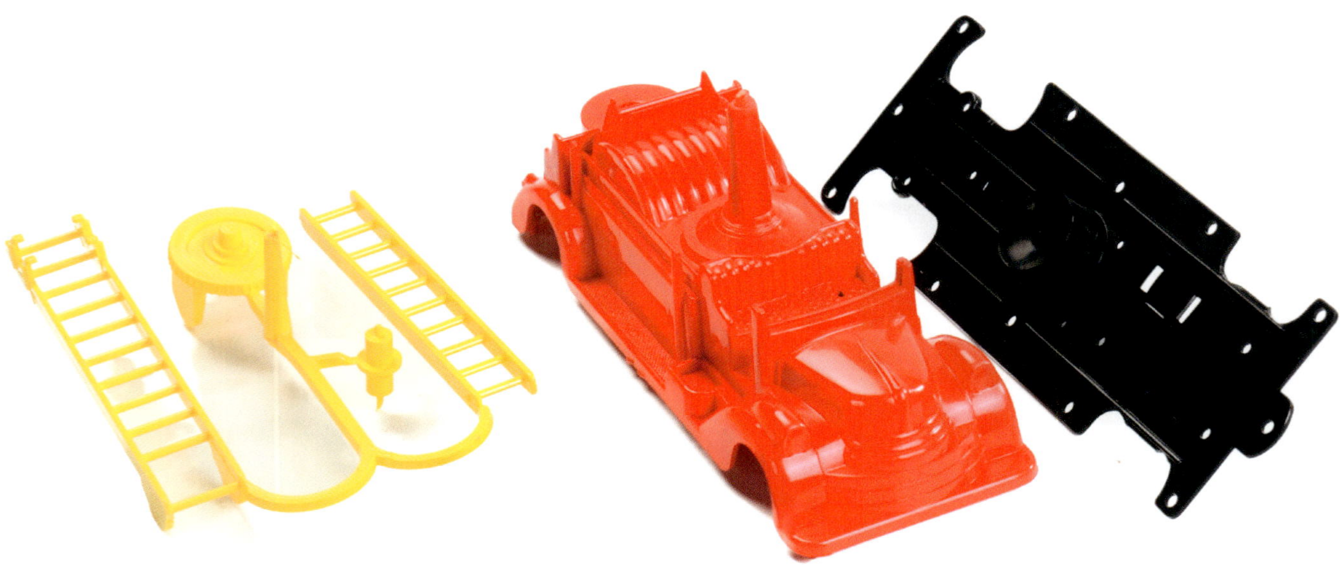

Ein Maschinist hinterm Lenkrad und zwei bewegliche Trupps bringt der Siku-Feuerwehrspritzenwagen gleich mit. Die vier Feuerwehrmänner haben ihre festen Positionen sowohl auf dem Fahrzeug als auch beim Ausrollen des Sprungtuches.

Ein Auszug aus der damaligen Betriebsanleitung machte Lust darauf. „Wenn Ihr den Wagen fahren lassen wollt, dann braucht Ihr keinen Schlüssel, kein Uhrwerk aufzuziehen. Der Wagen kann sofort starten, Ihr hebt die Vorderräder, die sonst nur bremsen, leicht hoch, reibt die Hinterräder kurz und kratzig über den Boden und lasst los.“ Und tatsächlich: Schon arbeitete der Schwungradantrieb und trieb den Wagen fast zehn Meter weit. Gleichzeitig setzte – gerade anfangs überraschend für die Ohren – mit lautem Geheul die Sirene ein. „Wenn Ihr es einige Male ausprobiert habt, klappt das tadellos. Der Antrieb ist ganz massiv und solide gearbeitet und hält dadurch fast unbegrenzte Zeit. So könnt Ihr den Wagen immer wieder aufsetzen und fast ohne Unterbrechung fahren lassen“, hieß es vielsagend.

Spielspaß – das galt als Prämisse innerhalb der konzeptionellen Umsetzung, die man sich bei Richard Sieper & Söhne auf die Fahnen geschrieben hatte. Das Auto fuhr vorwärts und rückwärts, nahm leicht Steigungen bis 50 % und ließ sich per Steuerrad sogar lenken. Mit der kleinen Kurbel konnte die Drehleiter ausgefahren werden, und sich überdies natürlich noch in alle Richtungen drehen. Besonders ungewöhnlich für jene Zeit: Fünf kleine naturgetreu modellierte und bemalte Feuerwehrleute bildeten die Mannschaft auf dem Feuerwehrfahrzeug. Der Fahrer saß fest hinter dem Steuerrad, während sich die anderen vier überall anbringen ließen. Während der Fahrt standen sie eingeklemmt in den Vertiefungen an der Seite und hinten in Bereitschaft. Mit dem Haken nach unten gedreht konnten sie überall eingehakt und sogar auf jeder Leitersprosse platziert werden. Mit dem Haken nach oben gelang es, sie das Sprungtuch halten zu lassen. Auch das zusammengerollte Sprungtuch aus natürlichem Baumwollstoff gehörte selbstverständlich zum Lieferumfang. Bei Bedarf ließ es sich an einer Seite rasch am Fahrzeug an-

Ein Trio als Evolutionsbeweis: Das Siku-Flugfeldlöschfahrzeug von Metz (1972–85), dahinter der Simba (1992–97) und der Panther von Rosenbauer.

Größenvergleich: Das 1:50-Modell des Rosenbauer Panther im Vergleich zur 1:87-Version von Siku.

bringen, sodass zwei Feuerwehrleute allein die Haltefunktion übernehmen konnten. Die Löschfunktion wurde robust konstruiert. Die Spritzdüse des Schlauches schob man dem „Spritzenführer“ unter die Arme, sodass mit einem leichten Druck auf den Gummiwasserbehälter ein feiner Strahl bis zu sechs Meter weit „geschossen“ werden konnte.

Alle Teile, darauf legte Siku wert, waren massiv und solide gearbeitet. Das wurde auch in der zugehörigen Werbung deutlich herausgestellt: „Plastik ist fast unzerbrechlich, rostet nicht, verbiegt sich nicht, es färbt nicht ab, es hat keine scharfen Kanten zum Verletzen wie dünnes Blech. Wenn das Auto mal hinfällt, so schadet das gar nichts, denn es soll ja ein Spielzeug sein, das schon etwas aushält.“ Schon auf der Spielwarenmesse in Nürnberg zeigten sich die Händler angetan von der Siku-Neuheit, denn das Produkt erwies sich als rundherum stimmig. Zwar waren die aufgerufenen 8,50 DM ein stolzer Preis, aber solch ein Spielzeug sollte eben zu den Höhepunkten auf Geburtstagstischen oder

Zwischen 1970 und 1988 befindet sich das Vorbild des Metz-Flugfeldlöschfahrzeuges unter dem Funkrufnamen „Florian Frankfurt-Flughafen 61/26“ in ständiger Einsatzbereitschaft, wird dann zum Flughafen Saarbrücken „versetzt“ und steht heute im Technikmuseum Sinsheim.

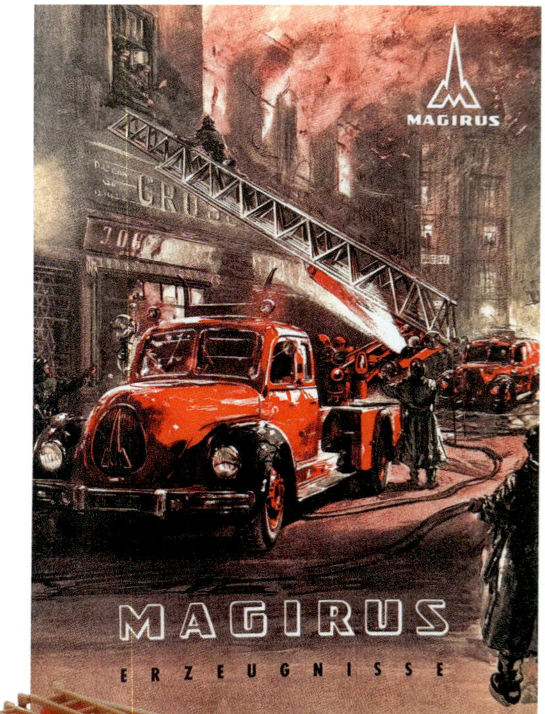

Drehleitern erfordern viel Aufwand wie die Metz-Modelle in 1:50 und 1:87 zeigen (o.). Zwischenzeitlich hat sich Siku der legendären Rundhauber-Klassiker von Magirus-Deutz angenommen – ein wirkliches Klassiker-Duo.

unterm Weihnachtsbaum zählen. Auch der Karton erfüllte mit kraftvollen Zeichnungen, die die zahlreichen Funktionen des Feuerwehrmodells illustrieren, die Erwartungen von Handel und späteren Kunden. Die Siku-Konstrukteure hatten das Spielzeug am Reißbrett millimetergenau gezeichnet – an jedes Detail war gedacht worden. 21 Zentimeter maß das erste Siku-Feuerwehrauto, das über eine offene Kabine in US-Manier verfügte. Die Siku-Macher schenkten dem ersten Spielzeugmodell reichlich Spielwert und konnten guten Gewissens weiter investieren.

Blaulichtautos sollten bis heute eine zentrale Rolle spielen, immer wieder mussten in den folgenden Jahren und Jahrzehnten imposante Vorbilder miniaturisiert werden. Die Feuerwehr-Fans – ganz gleich, ob groß oder klein – wollten es so und verlangten danach. Die erste Feuerprobe in der maßstäblichen Miniaturisierung sollten die Siku-Konstrukteure 1956 bestehen. So ließ nach Einführung der ersten Verkehrsmodelle der Ruf nach einem Löschzug nicht lange auf sich warten. Die Modellbauer von Siku mussten bei der Konstruktion nicht weit fahren, um ein Vorbild zu finden. Die Drehleiter, erst 1955 beschafft und immer noch brandneu, stand bei der Lüdenscheider Feuerwehr bereits in Diensten. Siku stellte innerhalb eines Jahres ein Löschzug-Duo mit Drehleiter DL 22 und ein schmuckes Löschfahrzeug LF 15 – beide mit Metz-Aufbau – auf die Räder. Beim Löschgruppenfahrzeug wurde auf dem Mercedes-Benz Langhauber-Fahrgestell die normgerechte 9-Mann-Gruppenkabine ebenso nachgeahmt wie bei der Drehleiter auf gleichem Fahrgestell die kürzere Staffelkabine für eine Fünf-Mann-Besatzung.

Es brauchte keine lange Wartezeit, bis Siku dem typischen Zweier-Löschzug maßstäbliche Figuren zur Seite stellte. Für jeweils 15 Pfennig gab es unter der Nummer V 439 den energisch hinweisenden Brandmeister und unter der V 407 den laufenden Feuerwehrmann. Dass sich dank der abnehmbaren Steckleiterteile des LF 15 und der ebenso abprotzbaren Schlauchhaspel ein erster, spielerischer Löschangriff nachahmen ließ, floss

Absetzkipper, Hilfeleistungslöschfahrzeug und Drehleiter machen die Blaulichtfreunde glücklich. Immer wieder aktualisiert Siku das Sortiment mit aktuellen Vertretern der Feuerwehren.

rasch in den Spielbetrieb ein. Wer dann noch die Drehleiter zur Hand hatte, konnte diese fachgerecht in Stellung bringen, denn die vier Abstützungen konnten dank entsprechender Stützen stabilisiert werden, sodass die vier Leiterteile mit Hilfe der seitlichen Drehkurbel problemlos angehoben, ehe sie per Hand herausgezogen werden konnten. Die erheblichen Investitionen in beide 1:60-Modelle erwiesen sich als durchaus lukrativ, immerhin fand das Duo viele Jahre lang den gewünschten Absatz. Dass gerade Drehleitern in Konstruktion, Formenbau und Montage einen enormen Aufwand bedeuteten, sollte sich auch in Zukunft nicht ändern. So mussten sich die Siku-Freunde nach der Vorstellung der ersten Zinkdruckgussmodelle nur drei Jahre lang gedulden, bevor die Lüdenscheider Modellbauer im Juli 1966 die ersehnte Drehleiter-Neuheit ankündigten. Zwei Jahre früher fing Siku lieber erst einmal klein an und ließ den Ford Transit als Tragkraftspritzenfahrzeug Premiere im Zinkdruckguss feiern. Wieder nahmen sich die Konstrukteure bei der Drehleiter des Metz-Vorbildes an, das freilich jetzt auf dem Kurzhauber-Fahrgestell aufgebaut war und die feuerwehrtaktisch bedeutsamere DL 30h miniaturisierte. Auch diesmal war es kein Zufall, dass genau das passende Vorbild bei der Freiwilligen Feuerwehr der Stadt Lüdenscheid im Einsatz war. Und noch ein weiteres Mal schloss sich der Kreis: 21 Jahre später, am 1. April 1987, sollte das Drehleitervorbild entscheiden Anteil daran haben, den Großbrand im verwinkelten Siku-Teilelager an der Bräuckenstraße wirksam zu löschen.

Die neue Drehleiter hatte 1966 alles, was das Vorbild zu bieten hatte: Die Modellbauer und insbesondere die Graveure von Siku hatten ganze Arbeit geleistet, denn alle Geräteräume unterhalb der Plattform waren detailreich und sickengetreu nachgebildet. Der Kurzhauber erhielt sein Leben durch die blitzenden Swarovski-Scheinwerfer. Gerade dieses feine Detail prägte die Super-Serie bis in die Siebzigerjahre hinein. Aber die Drehleiter konnte weitaus mehr: Die vier seitlichen Stützen an den Ecken der Plattform konnten heruntergelassen werden, sodass das Fahrzeug sicher stand. Dann ließ sich die Dreh-

Drehleiter-Parade: Von der Drehleiter DL 25h aus Kunststoff über den Kurzhauber-Nachfolger bis zu den Vertretern der Gegenwart. Kein Jahrzehnt vergeht ohne zeitgemäßes Hubrettungsfahrzeug.

So macht Siku den Blaulichtfans Freude: Der Unimog-Rüstwagen bringt den Werkzeugkasten gleich mit.

leiter gleich mehrteilig ausziehen. Selbstverständlich konnte sie um 360 Grad gedreht werden – wie im wirklichen Einsatz. Typisch für die damalige Zeit war die heute völlig verschwundene Staffelkabine, die damals das Drehleiter-Fahrzeug eines jeden Löschzuges prägte. Am Heck fand sich überdies die Schlauchhaspel verlässlich aufgeprotzt. Und auch verkäuferisch attraktiv wurden die Zinkdruckgussautos offeriert. Bis zum Anfang der Siebzigerjahre erhielt jede Drehleiter den typischen Faltkarton mit der fotorealistischen Drehleiter-Zeichnung, danach folgte die tren-

So rückt die Siku-Feuerwehr in den Neunzigerjahren aus. Der VW T3 ist damals nicht wegzudenken.

Zwischen 1985 und 1989 können sich die Feuerwehrfreunde sogar über eine eigene Feuerwache mit drei Stellplätzen freuen. Die Volvo-Zugmaschine mit Schwerlastanhänger hat das gesamte Bausatzzubehör an Bord.

dige Generation der Displaykartons im neuen Lila-Design mit Flowerpower-Bildmarke. Hier hatte Siku auch auf die bereits europaweit üblichen Verpackungstrends bei Automodellen reagiert. Im Handelsregal begannen die Siku-Autos ihre neue, auf den ersten Käuferblick sichtbare Aura zu entfalten.

Unfall im Kinderzimmer? Autos zusammengestoßen? Viele Verletzte! Der Binz-Benz musste her! Und tatsächlich dürfte kaum ein anderer Krankentransportwagen (KTW) eine so weite Verbreitung gefunden haben wie der Mercedes-Benz, der erst auf Ponton-Fahrgestell, dann als Heckflosse vom Aufbauhersteller Binz zum voluminösen Kombi karossiert wurde. Siku folgte dem Ruf ins Kinderzimmer im Serienmaßstab 1:60 in gleicher Weise und stellte Modelle erst aus Kunststoff in der transparenten Garagenverpackung, dann aus Zinkdruckguss in der Faltschachtel bereit. Zuletzt aktualisierte Siku den KTW durch den Strich-Achter-Nachfolger Binz Europ 1200. Es fiel in die Zeit, als Krankentransport und Rettungsdienst in der Bundesrepublik neu organisiert und Feuer-

Die NG-Baureihe von Mercedes-Benz macht nach der Kurzhauber-Generation den Anfang (l.), später löst die SK-Baureihe (r.) ihren Vorgänger erstmals auf einem dreiachsigen Fahrgestell ab.

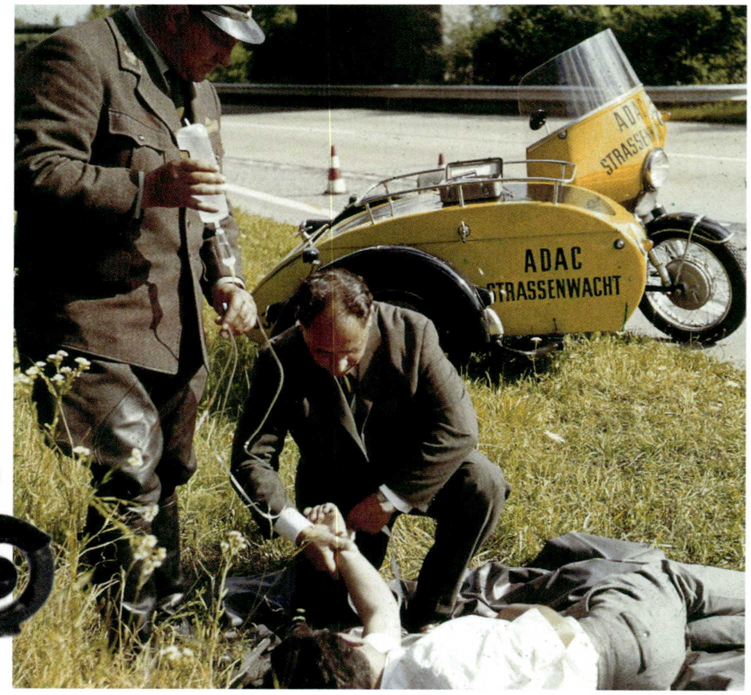

Mit einem Krad beginnen in den Fünfzigerjahren die gelben Engel die hilfesuchenden Autofahrer im Pannenhilfsdienst zu unterstützen. Ein erstes ADAC-Krad fährt ins Programm der Verkehrsmodelle aus Kunststoff.

Das Vorbild des ADAC-Auslandsdienstes gibt es wirklich, als Siku mit einem Abschleppwagen erstmals das Straßenwacht-Thema auszudehnen beginnt.

wachen, aber auch Hilfsorganisationen mit immer neuen Fahrzeugen bestückt wurden. Als charakteristisches Merkmal gerade bei diesem Vorbild galt die Binz-typische Heckklappe, die sich einteilig öffnen ließ – ideal für eine Siku-Modellfunktion. Bis heute.

Als 1972 bei den Sieper-Werken der Generationswechsel vollzogen war, gab Volker Sieper die Zukunftslinie der Produktgestaltung von Siku vor. Dabei geriet ein weiterer Modelltrend der Lüdenscheider in den Mittelpunkt – und wurde von den Kunden goutiert: Neue, immer größere Modelle kamen ins Programm. Das Sortiment gab 1973 eine Antwort auf einen weltweiten Feuerwehrtrend, der leistungsfähige, schnelle, aber vor allem großvolumige Löschfahrzeuge in die Feuerwehrhäuser brachte. Als Innovator ganz vorn dabei war seinerzeit die Frankfurter Berufsfeuerwehr, deren Branddirektor Ernst Achilles revolutionäre Konzepte auf die Räder stellte. Sein Ruf nach Größe und Stärke sollte sich alsbald auf dem Frankfurter Flughafen auswirken. Die Airport-Feuerwehr stellte nach enger Zusammenarbeit mit dem Karlsruher Feu-

In zahlreichen Verpackungsvarianten schreibt Siku ADAC-Geschichte. Ford Turnier, VW Käfer und VW Passat Variant gehören in den Sechziger- und Siebzigerjahren zu den gelben Engeln von Siku unverzichtbar dazu.

erwehrhersteller Metz eine Sensation vor. Branddirektor Ernst Achilles, der fortwährend für Schlagzeilen sorgte, wenn's um zukunftsgewandte Feuerlöschtechnik ging, hatte damit eine neue Generation von vierachsigen Flugfeldlöschfahrzeugen auf den Weg gebracht. 1970 wurde das Ergebnis auf dem Frankfurter Flughafen präsentiert: Das neue Flugfeldlöschfahrzeug (FLF) auf einem mächtigen Faun-Fahrgestell verfügte über zwei Löschmonitore – einen unterhalb der Windschutzscheibe angebracht, einen weiteren auf dem Dach aufgesetzt. Angetrieben

Der Traum unterm Weihnachtsbaum: Den fahrbaren Bremsenprüfstand gibt es 1973 erstmals von Siku. Der Auflieger kann wie beim großen Vorbild zu einem Durchfahrttunnel geöffnet werden. Drinnen wartet der Bremsenprüfstand mit beweglichen Rollen.

Der VW Porsche fährt als ADAC-Rennstrecken-Fahrzeug ins Programm.

Der vom ADAC später als Absetzeinheit vereinfachte Prüfdienst kann an den Erfolg seines imposanten Vorgängers nicht anknüpfen. Die mobile Einrichtung des ADAC hat in der Zwischenzeit einen Bedeutungsverlust erfahren.

Zum Abschleppdienst kommt schließlich noch die Luftrettung hinzu. Die gelben Engel erhalten bei Siku immer mehr Raum und noch mehr Modellvarianten.

Der Autotransporter in den Farben des ADAC-Auslandsdienstes sowie der VW Passat und der Mercedes-Benz GE ergänzen den Fuhrpark der gelben Engel.

wurde das Einsatzfahrzeug-Vorbild von einem MTU-Dieselmotor mit stolzen 1.000 PS. Ein weiterer 215 PS-Motor von Mercedes-Benz beschleunigte unabhängig davon die Feuerlöschkreiselpumpe, sodass das Fahrzeug mit nur zwei Mann Besatzung – einem Maschinisten als Fahrzeugführer und einem Operator für die Monitorbedienung – einen Einsatz fahren konnte. Und das mit einem Gesamtgewicht von 52 Tonnen und einer Spitzengeschwindigkeit bei der Anfahrt von 110 km/h. Siku gelang mit der Vorstellung des 1:60-Modells auf der Nürnberger Spielwarenmesse 1973 gleich ein erster Achtungserfolg, nachdem die Spielzeughändler voll des Lobes waren. Und tatsächlich fielen die Bestellungen schon im ersten Jahr mehr als erfreulich aus. Das Konzept ging auf: Größe und Spielwert machten das mächtige Flugfeldlöschfahrzeug, über das nach der Indienststellung in nahezu allen Blättern geschrieben wurde, zu einem wirklichen Lieblingsmodell jener Jahre. Die beiden Löschmonitore waren drehbar angelegt, die Domdeckel auf dem Tankaufbau ließen sich öffnen. Ebenso der Geräteraum zwischen den beiden Achspaaren, aus denen die Schlauchhaspel herausgeholt werden konnte.

Ein Blick über die Grenze nach Österreich zur ÖAMTC-Luftrettung und zum ADAC-Wettbewerber AvD. Spannungsreichtum wird jedes Mal mitgeliefert.

Mit dem VW Käfer beginnt der Erfolgsweg des ADAC, den Siku seither begleitet.

Die Programmneuheit des Jahres 1973 zeigte einmal mehr, wie Spielzeugmodelle über ihre jeweiligen Programmjahrzehnte hinweg Entwicklungstrends der großen Fahrzeugwelt widerspiegelten. Dabei blieb die Feuerwehr ohnehin das High-Interest-Thema aller Jungen-Generationen. Dass Siku überdies Weitsicht bewiesen hatte, zeigte allein der Werdegang des Vorbilds: Von 1970 bis 1988 wurde das Metz-Flugfeldlöschfahrzeug unter dem Funkrufnamen „Florian Frankfurt-Flughafen

Der Rettungshubschrauber (RTH) BO 105 steht 1985 bei Siku am Anfang der Luftrettung. Das Gespann mit Ford Cargo-Zugmaschine bleibt bis 1997 im Programm.

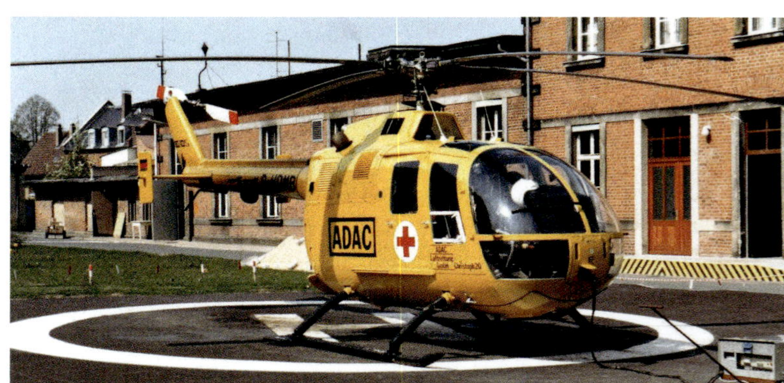

Dem BK 117 folgt schließlich der EC 135, sodass alle Rettungshubschrauber-Typen bei Siku über die letzten vier Jahrzehnte zum Tragen kommen.

61/26“ auf dem Rhein-Main-Flughafen eingesetzt und war anschließend für weitere fünf Jahre auf dem Flughafen Saarbrücken im Einsatz. Heute steht der Feuerwehr-Großklassiker im Technikmuseum Sinsheim. Und das in genau der Gestaltung wie ihn Siku 1973 debütieren ließ.

Mit dem Simba 6x6 stieß Siku 1994 ein zweites Mal in die Bastion der Großlöschfahrzeuge vor, denn die neue Generation von Flugfeldlöschfahrzeugen der österreichischen Rosenbauer AG brachte futuristische Züge ins Programm. 2006 gelang Siku mit dem Panther 8x8 ein neuer Meilenstein. Denn entsprechend dem eigenen Anspruch, noch modellgetreuer zu werden, machten sich die Modellkonstrukteure in enger Abstimmung mit den Experten von Rosenbauer an die Umsetzung des ersten 1:50-Flugfeldlöschfahrzeuges. Die österreichische Unternehmensgruppe, die im internationalen Feuer-

Der Abschleppdienst der neuesten Generation: Das Plateau kann angehoben und der Pkw dank mitgeführter Seilwinde aufs Fahrzeug gezogen werden.

Baustellenfahrzeuge lösen seit jeher Begeisterung aus: Der Turmdrehkran und der vierachsige Betonmischer im Einsatz.

Verpackungsoffensive: Eine Zeitlang präsentiert Siku die großen Modelle auf einem Podest, geschützt von einer volltransparenten Haube.

wehrfahrzeugmarkt ganz vorn rangiert, galt inzwischen als internationaler Taktgeber im Bereich der Flugfeldlöschfahrzeuge. „Aircraft Rescue & Firefighting" war für Rosenbauer längst zum wichtigen Geschäftsfeld mit Wachstumsperspektive geworden. Und die Panther-Generation – vorgestellt auf der Interschutz 2005 in Hannover – half dabei. Als Modell überzeugte der Panther schon allein wegen seines avantgardistischen Designs.

Dass sich die Fertigung der Modelle mit jedem Jahrzehntwechsel veränderte, zeigte der Feuerwehr-Rüstwagen. Das 1979 vorgestellte Einsatzfahrzeug auf dem Fahrgestell des Unimog 406 wirkte nach der Maßstabsveränderung von 1:60 auf 1:55 sichtbar größer, gar ein wenig bullig und damit für einen Unimog doch ein wenig überakzentuiert. Die leicht modifizierte, zweifellos erkennbare Veränderung in der Siku-Produktphilosophie fand abermals einen positiven Widerhall im Markt. Tatsächlich mussten Spielzeugautos in einer bunter, facettenreicher gewordenen Welt der Siebziger- und Achtzigerjahre imposanter erscheinen. Beim Feuerwehr-Rüstwagen betonten die mächtigen, jetzt lauffreudigen Räder mit ihren weiß bedruckten Felgen den Größenunterschied. Hinzu kam der Eindruck eines Mehr an Stilisierung, weil es der Modellstabilität und der Funktionalität diente. So fand sich beim Feuerwehr-Unimog im eingeschobenen Werkzeugkasten ein hilfreiches Seil wieder, um die vordere Winde einsatzfähig zu machen. Ein Löschmonitor auf dem Dach suggerierte den typischen Feuerwehreinsatz, während der angehängte Leuchtmast nach Kasseler Polyma-Vorbild den technischen Hilfeleistungscharakter nachahmte. Während Mercedes-Benz zwischen 1963 und 1989 das Vorbild nahezu unverändert vom Band laufen ließ, erfuhr er bei Siku eine durchaus evolutionäre Interpretation.

Mehr als ein Kilogramm bringt der Faun-Kranwagen auf die Waage – über viele Jahre ein Erfolgsmodell.

Überzeugte: Bereits im Weihnachtsgeschäft 1975 profiliert sich der Artikel „4110“ als absoluter Topseller. Er steht auf der Wunschliste vieler Jungen ganz oben.

Und ein weiteres Sammelthema beflügelt bis heute unverändert die Siku-Freunde: der ADAC! Die Erinnerungen schwingen mit, wenn man sich längst vergangener Jahrzehnte erinnert. Entweder erscheinen vor dem inneren Auge die „gelben Engel“ oder es ist der mächtige ADAC-Prüfstand, der sich über viele Jahre immer wieder im Spätsommer auf dem Marktplatz aufbaute und innerhalb weniger Stunden an der Einfahrt eine ganze Schlange wartender Autos vor sich versammelte. Mal zum Check der Motoren, ein anderes Mal zum Bremsentest – automobile Sicherheit ging beim ADAC als Clubleistung vor Ort über alles. Zu Beginn der Siebzigerjahre gehörten Fahrten über die Autobahnen eher zu den seltenen Erlebnissen, um dem Automobilclub zu begegnen. Allmonatlich

Als Feuerwehrkran erlebt das Erfolgsmodell einen erneuten Einsatz. Technisch gilt das Siku-Modell bereits von Beginn an als ausgereift.

Es müssen nicht immer Giganten sein: Der Mobilkran nach Faun-Vorbild erfreut sich lange Zeit großer Beliebtheit – er kommt für kleinere Lasten gerade recht.

Der Mega-Lifter gilt heute als Superlativ in der Welt der Siku-Kranfahrzeuge.

lag zwar die lesenswerte „Motorwelt“ auf dem Tisch, aber so richtig spannend wurde es erst, wenn der leuchtend gelbe Auflieger nachmittags seinen Platz erreichte und am Morgen danach ein wenig Kirmesflair verbreitete. Der Prüfstand sollte dazu beitragen, dass der ADAC-Service für die Mitglieder weit ins Land getragen wurde – noch lange bevor die Prävention in Sachen Motorwartung und Bremsen flächendeckend überall angekommen war und vornehmlich eine kostspielige Leistung der Vertragswerkstätten bedeutete. Was heute als selbstverständlich gilt, nahmen Autofahrer damals als hilfreichen Service und willkommene Club-Leistung wahr. Wie sich die Zeiten ändern.

Als dann der zugehörige ADAC-Auflieger von Siku zu Weihnachten auf dem Tisch stand, war die Freude groß. Jetzt geschah das, was wenige Monate zuvor noch auf dem Marktplatz mit der Herbstuntersuchung zu erleben gewesen war. Den Lüdenscheider Modellbauern gelang es seinerzeit auf Anhieb, eine ziemlich perfekte Miniaturisierung des Prüfzentrums mit all seiner Mobilität in den Maßstab 1:60 zu miniaturisieren – Hanomag-Henschel-Zugmaschine inklusive. Das Wichtigste: Der Auflieger konnte an beiden Seiten geöffnet, die Seitenteile zur Abstützung herausgeklappt werden. Zugleich waren die Auffahrrampen heruntergelassen, sodass sich die Aufliegerbreite verdreifachte. Im Nu war ein imposanter ADAC-Prüfstand mit hohem Spielwert entstanden und die jungen Siku-Besitzer frohlockten über ihr Erfolgserlebnis. Damit die beiden Seitenteile stabilisiert wurden, bedurfte es lediglich der beiden bedruckten Traversen mit Torcharakter, um die

Wenn es um Bagger geht, weiß Siku Rat und miniaturisiert Baumaschinen nach Liebherr-Vorbild. Aus guter Tradition, wie Kenner wissen.

Gleich zu Beginn der Reihe der Zinkdruckgussmodelle miniaturisiert Siku den Liebherr Mobilkran AK 50B. Er bleibt von 1965 bis 1972 im Programm.

Inszenierung perfekt zu machen. Zu guter Letzt ließ sich noch an der Aufliegerstirn eine versteckte Klappe öffnen, um den zinkglänzenden Generator quasi betriebsbereit herauszuziehen. Siku hatte an alles gedacht und den Bremsenprüfstand in der Aufliegermitte, dort wo die Musik spielte, vorbildgerecht nachgeahmt. Dort konnten die Vorder- und Hinterachsen der Autos in die tatsächlich beweglichen Rollen hineingestellt werden. Dass sich dazu aus dem Siku-Sortiment der VW Käfer oder sogar der VW Porsche als gelber Engel gesellte, kam dem Wirklichkeitserleb-

Bei Baumaschinen bedient sich Siku lange Zeit bei den Vorbildern von Zettelmeyer. 1967 erscheint der Radlader Europ L 2000 und zwei Jahre später die Dreiradwalze Europ S12. Beide Modelle begleiten das Sortiment viele Jahre lang.

Als nach dem Krieg der Bauboom einsetzt, steht Liebherr mit einem Turmdrehkran bereit. Siku verkleinert das Vorbild des Typs 4A innerhalb der Kunststoffreihe 60-fach und sorgt zwischen 1961 und 1969 für Programmpräsenz.

nis sehr nahe. Siku miniaturisierte überdies den heute kultig anmutenden Ford P7, der als 17 M Turnier im Kofferraum ein kleines, aber feines Sortiment mit Warnschildern & Co. gleich mitbrachte. Egal, ob in groß oder klein: Pannendienst und Prüfstand waren damals so etwas wie die große und einzige Vis-á-vis-Begegnung mit Deutschlands größtem Automobilclub.

Tatsächlich gehörten Modelle nach Vorbildern des ADAC mit Beginn der Siebzigerjahre immer wieder in die spielerische Wirklichkeit jener Zeit. Hinzu kamen immer neue Aufgaben wie der Auslandsdienst, der mit den Plateauwagen auf immer neuen Fahrgestellen aktualisiert wurde. Oder die Luftrettung, 1985 mit dem Bo 105, 1992 mit dem BK 117 und 2006 mit dem EC 135. Vor allem der VW Käfer – so etwas wie eine Leuchtgestalt im ADAC-Universum – hat es vielen Modellbauern angetan. Es folgten VW Golf I, VW Passat I, VW Passat III, Mercedes-Benz GE, Ford Galaxy 2.8i, Mercedes-Benz ML 320, Audi A4 Avant 3.0 TDI und VW Tiguan, aber auch BMW X5, Porsche Cayenne und VW Amarok. Nicht zu vergessen der BMW 520i Touring und der Audi Q4 e-Tron. An ADAC-Aktualität hat es bei Siku nie gemangelt.

Aller guten Dinge sind bekanntlich drei: Neben Feuerwehr und ADAC gehört das Thema Bau- und Kommunalfahrzeuge zu Lieblingsthemen. Der Höhepunkt war erreicht, als die Lüdenscheider 1975 den hydraulischen Kran auf Faun-Fahrgestell im Maßstab 1:55 vorstellten. Die Marktresonanz sollte nicht lange auf sich warten lassen. Bedenkenträger im eigenen Haus, die die neue Größendimen-

Das Baustellen-Trio aus gemeinsamen Zeiten: Der Menck Greifbagger M 60, der 1963 erscheint, der Liebherr Turmdrehkran und der Menck Löffelhochbagger, der bereits seit 1959 im Programm verweilt. Alle bleiben bis zum letzten Tag der Kunststoffreihe im Sortiment, scheiden dann 1969 aus.

Der Faun Rotopress-Müllwagen auf dem SK-Fahrgestell von Mercedes-Benz, ein typischer Vertreter der City-Entsorgung.

sion als weniger kindgerecht beurteilt hatten, sollten rasch eines Besseren belehrt werden. Schon im Weihnachtsgeschäft 1975 konnte sich der Artikel „4110“ als absoluter Topseller profilieren – und das bei einem Verkaufspreis von nahezu 50 D-Mark! Doch das Marktkonzept ging vollständig auf: Auf der einen Seite sorgte das fünfachsige Spezialfahrzeug mit seinem 60 Zentimeter hohen Ausleger und seinem respektablen Gewicht auf Anhieb für Eindruck, auf der anderen Seite schickte Siku den „4110“ in einer neuen Verpackung in den Markt. Anders als alle anderen Produkte stand der Kranwagen damals auf einem stabilen Kartonpodest und war von einer volltransparenten Kunststoffhaube umgeben – bei der Produktlänge von rund 25 Zentimetern und einem Gewicht von 1,1 Kilogramm ein wahrlich imposanter Auftritt im Händlerregal.

Der Spielwert sorgte für einen dauerhaften Verkaufserfolg, sodass der Kranwagen mit seinen vier Stützen und dem dreiteiligen Kranausleger in den Folgenjahren den Weg in Zehntausende deutscher Kinderzimmer fand. Und noch bemerkenswerter: Es gab so gut wie keine Reklamationen, weil Siku das Modell mit maximaler Robustheit konstruiert hatte – Zinkdruckguss-Qualität aus Lüdenscheid eben. Selbst schwere Lasten, die der Probierfreudigkeit junger Kranführer geschuldet waren, stemmte der Siku-Kranwagen problemlos. Mit den Funktionen gab der 1:55-Spezialist eine plausible Antwort auf den Spieltrieb der Jungen. Die mächtigen Rückspiegel aus biegsamen Kunststoff ließen die Faun-Miniatur in der Frontansicht martialisch erscheinen, beim näheren Hinsehen fanden sich feine Details wie die Geräteräume

Nach dem Vorbild des Haller-Pressmüllwagens bewegt sich der Magirus von 1967 bis 1974 in unveränderter Version im Programm.

Das macht Sinn: Ein Geschenkset mit kommunalen Einsatzfahrzeugen spiegelt die Vielfalt des Tätigkeitsfeldes der Bauhöfe und Entsorgungsunternehmen wider. Der Magirus Rundhauber mit den historischen Druckplatten für seine einstige Kartongestaltung.

unterhalb der Kranplattform, die sich öffnen ließen. Die Spielwarenhändler wissen, dass es sich um einen klassischen Weihnachtsartikel handelt und ordern fortan bereits im Spätsommer größere Stückzahlen.

Fernab der Kranwagenkompetenz, die später mit dem Mega-Lifter noch einmal gesteigert werden sollte, machten eben Baufahrzeuge und Vorbilder aus den kommunalen Bauhöfen das Salz in der Suppe aus. Die Jungen aller Generationen haben gestern wie heute Spaß daran, ihre Lebenswelt mit den Spielzeugmodellen der Siku Super-Serie zu entdecken. Dass sich dabei – trotz des spielerischen Charakters der Autos – auch ein evolutionärer Chronistenanspruch der Lüdenscheider ableitet, ist vielleicht nicht gewollt, aber lässt sich angesichts der Typenlinien immer wieder belegen. So fuhr der erste Müllwagen auf Magirus-Rundhauber-Fahrgestell ins Programm und wurde innerhalb der Zinkdruckguss-Reihe vom Magirus-Deutz-Frontlenker mit Haller-Aufbau abgelöst. Später folgten die Baureihen mit Faun Rotopress und mit allen im jeweiligen Jahrzehnt aktuellen Fahrgestellen. Kein Wunder, dass die Sammler genau diese Epoche prägenden Spielzeugmodelle gern Seite an Seite aufzureihen wissen.

Im Maßstab 1:50 besitzen die Pressmüllwagen der Gegenwart deutlich mehr Volumen als früher. Mit neuen Dreiachsfahrgestellen würdigt Siku diese Entwicklung.

6

Farmer-Serie spiegelt Entwicklung der Landwirtschaft wider

Vom Kleinschlepper bis zum Acker-Giganten

Hanomag, Lanz, Fergusons „Fergie", aber auch das Fendt Dieselross gehören seit Beginn des neuen Jahrtausends zu Siku Farmer-Classic. Es ist eine Produktreihe, die der Schleppernostalgie jener Jahre entspringt. Die Modelle bedeuten Spielspaß, besitzen aber auch Sammelcharakter.

Natürlich mit Funktion: Der Fendt Geräteträger mit Fahrer kann die Ladefläche kippen und das Schneidwerk funktionsgerecht in die Horizontale bewegen. Die Welt von Siku Farmer erreicht 1988 Eigenständigkeit, sodass die Lüdenscheider bei Spielmessen gern gesehene Aussteller sind (r.).

Zeitgenössisch genau und doch mit Spielwert, so geht der Lanz Bulldog mit typischem Gummiwagen auf Fahrt. Der Maßstab 1:32 macht die Landmaschinenmodelle in ihrer funktionsgerechten Bauweise attraktiv.

Es war schon ein besonderer Aha-Effekt, als der Lanz Eil-Bulldog die ersten Töne von sich gab. Ein paar Batterien in der Fernbedienung von Siku Control 32 und weitere im Fahrzeug selbst machten es möglich – dank Soundmodul. Das tiefe, sich vehement steigernde Blubbern des Originalmotors war durchdringend und unüberhörbar. 2006 gelang es einem 1:32-Modell von Siku endlich, das Vorbild authentischer denn je ins Wohnzimmer zu holen. Klassiker-Flair für Sinne sozusagen. Der Präzisionsmaßstab mit seiner international bewährten Baugröße der 32-fachen Verkleinerung besitzt seither das, was den Modellbau ausmacht: Die Vorbildtreue bei gleichzeitiger Detailkraft und einem Höchstmaß an Funktionalität machen die landwirtschaftliche Szenerie bei Siku aus, seitdem sie 1983 Premiere feierte. Dass es seit der Einführung der Farmer-Serie bei Siku vor mehr als vier Jahrzehnten Dutzende Schlepper, viele Vollernter und noch viel mehr landwirtschaftliche Anbaugeräte gibt, zeigt zugleich, wie sehr die Dimensionen der Landmaschinen in der zurückliegenden Zeit gewachsen sind. Das wirkt sich natürlich auf die Größe der Modelle aus, die irgendwann eine handliche Spielzimmergröße zu überspringen drohen. Auch hier hat Siku frühzeitig reagiert und eine sinnvolle Dreiteilung der Maßstäbe vorgenommen. Inzwischen sind die Farmer-Modelle in ihrer Vielfalt sowohl im angestammten Maßstab 1:32, aber ergänzend auch in 1:50 und 1:87 erhältlich. Gerade die Spielwelt der Siku-World, die für die 50-fach miniaturisierten Spielzeugmodelle der Super-Serie vorgesehen ist, erhält für die beiden zusätzlichen spielerischen Erlebniswelten eine integrative Wirkung. Warum sollte man im Spiel die eine von den anderen trennen? So ergibt es einen Sinn.

Der altgediente Porsche Diesel-Schlepper und der legendäre Schlüter-Schlepper dürfen nicht fehlen. Die Modelle zeigen den Landmaschinenfreunden, das Siku sich inmitten des Themas bewegt und es kreativ zu gestalten weiß.

Hofgeschehen: Der Claas Ladewagen im Schlepp des Deutz-Traktors, der über einen Frontlader verfügt. Auf diese Weise erhält die Farmer-Serie immer neue Spielmöglichkeiten.

Spätestens als sich nach der Jahrtausendwende die Klassikerszene bei den Landmaschinen vollends formiert hatte, war Handlungsbedarf angezeigt. Siku reagierte richtig und schloss mit einer ganzen Reihe von legendären Schleppern und Zugmaschinen eine Maßstabslücke in 1:32. Mit Unimog 411, Lanz Bulldog, Hanomag R45, Porsche Diesel Super 308, Deutz D 9005 und Fendt Dieselross F28, aber auch dem MAN 4R3 und schließlich dem Schlüter Super 1250 VL erfüllten sich nacheinander Wünsche, die der Themennostalgie entstammten, als die Landwirtschaft noch von einer facettenreichen Struktur bäuerlicher Kleinbetriebe geprägt war. Viel wichtiger aber war: Siku bildete seit dem Start der Farmer-Serie 1983 den sichtbaren Wandel hin zu Großbetrieben vor allem in der Größenveränderung der Landmaschinen für jeden erkennbar ab. Mit dem Massey Ferguson MF 284 S und dem Deutz DX 86 standen zwei Schlepper am Anfang einer Modellserie, deren Vorbilder für die landwirtschaftliche Realität der Achtzigerjahre standen. Der Deutz schrieb bei Siku

Immer neue Schlepper-Marken wie Renault und Fiat bereichern neben Deutz in den Neunzigerjahren das Sortiment, und neue Landmaschinen – wie die mächtige Wühlmaus 2733 als Kartoffelroder – lassen die Farmer-Serie in der Vätergeneration immer mehr in den Mittelpunkt geraten.

Der frühe Mähdrescher von Deutz-Fahr tritt mit Maismähwerk 1991 den Beweis an, dass es Siku ernst mit der Farmer-Serie nimmt. Die Investitionen in Formen nehmen sich weitreichend aus und schließen sogar eine Scheune ein, die sich leicht zusammenbauen lässt.

die weitere Typenentwicklung zumindest in seiner Bezeichnung fort. Dem DX 86 folgten die Typen DX 4.70, dann DX 6.31 Turbo und Agrostar 6.61. Der erste Fendt fuhr 1984 als Farmer 308 LS ins Programm und wurde 1990 zum 309 LS umgewidmet. Danach verblieb der Marktoberdorfer 1:32-Traktor noch bis 1998 als Farmer 310 LSA im Sortiment. Wer sich heute die Chronologie der Farmer-Serie anschaut, vermag die durchaus epochalen Veränderungen im Spiegel der Siku-Spielzeugmodelle zu erkennen.

Lange vor dem Start der landwirtschaftlichen Modellserie im Maßstab 1:32 hatte Siku bei den europäischen Nachbarn einen Blick auf die Entwicklung des immer beliebter gewordenen Marktes geworfen. Die Verantwortlichen am Lüdenscheider Siku-Stammsitz schauten sich seit jeher mit professioneller Neugier das gesamte Spielzeugsortiment mit seinen Veränderungen an, auch, um rechtzeitig auf neue Verbraucherwünsche reagieren zu können. Und tatsächlich nahm in Deutschland der Zuspruch von jungen und älteren Modellfreunden, was funktionsfähige Landmaschinenmodelle anging, in der zweiten Hälfte der Siebzigerjahre spürbar an Fahrt auf. Marken wie Britains, Hausser oder Ertl erlangten Listungen im nationalen Handel, die Siku-Außendienstmitarbeiter nahmen mit den Jahren ein stärker sichtbares Wettbewerbsumfeld wahr. Die Entscheidung für den Eintritt in die landwirtschaftliche Maßstabswelt 1:32 basierte auf einer sehr rationalen Markt- und Potenzialanalyse, weil das bislang weitgehend unbearbeitete Themensegment durchaus mittelfristiges Wachstum versprach. Wohl wissend, dass es nicht leicht sein würde, den Fachhandel von einer neuen Produktwelt zu überzeugen, liefen 1982 die Vorbereitungen für die erste Präsentation von Neuheiten. In Lüdenscheid fiel die Entscheidung zu Gunsten zweier Schlepper und zweier Anhänger, die einzeln und wechselseitig kombinierbar als debütierende Zweiersets angeboten werden konnten.

So zeigten sich die Fachhändler auf der Nürnberger Spielwarenmesse 1983 überrascht und optimistisch zugleich, als sie in den Neuheitenvitrinen die ersten Produkte sahen. Sie ahnten nicht, dass Siku eine Investitionsoffensive in neue Formen und Modelle plante. Immer das Gelingen vorausgesetzt, im ersten Jahr die erwarteten Listungen zu erreichen. Mit dem damals topaktuellen Deutz DX 86 sowie dem Massey Ferguson MF 284 S miniaturisierten die Lüdenscheider die zwei

Von der traditionellen Ballenpresse zur Rundballenpresse: Der Steyr 9094 zieht die Claas-Landmaschine – der heckseitige Rundballenauswurf kann funktionsgerecht nachgeahmt werden.

Bewässerungshaspel und Siloblockschneider im Einsatz: Dass es gelingt, die landwirtschaftlichen Geräte so nah an die Menschen zu bringen, ist auch ein Verdienst von Siku. Spezialgeräte sorgen schlichtweg für technische Faszination.

Vorbild-Topseller des Marktes. Hinzu kamen ein zweiachsiger Seitenkipper sowie ein Kippanhänger mit Tandemachse. Schon beim ersten Handling von Schleppern und Anhängern wurde deutlich, dass Siku seiner Markenphilosophie treu geblieben war. Die Traktoren erwiesen sich als denkbar robust, waren mit oder ohne Kabine leicht lenkbar, während die Anhänger verschleißlos kuppelbar und kippbar waren. Dass im Laufe des Jahres die Bestellungen des Handels nicht ausblieben, verdankte Siku der zunächst optisch nahtlosen Sortimentsintegration in die damals blauviolette Markenwelt der Handelsplatzierungen. Von einer farblich eigenständigen Farmer-Produktlinie war noch nichts zu sehen.

Zwischendurch reichert Siku das Sortiment mit sympathischen Accessoires an. Das Tierqunintett fügt sich nahtlos in die Hofszenerie ein.

Aus gutem Haus: Mercedes-Benz sorgt mit dem Unimog 1700 L und dem MB Trac für die passenden Vorbilder, die das Farmer-Thema ergänzen. So gelangen von Zeit zu Zeit kommunale Einsatzfahrzeuge in die Serie.

In den Anfangsjahren finden sich die landwirtschaftlichen 1:32-Maßstabsabweichler von der Super-Serie noch in der blauvioletten Produktgestaltung wieder. Erst später erfolgt dann die zweifellos sinngebende optische Differenzierung hin zur grünen Verpackung.

Dass Siku 1983 im Exportgeschäft mit der Farmer-Serie, die ihren offiziellen Namen schließlich 1990 erhielt, seine Marktchancen zusätzlich erhöhte, lag vor allem daran, dass der Maßstab 1:32 für „Agricultural models" in vielen europäischen Ländern schon eingeführt war. Bei der ersten Marktvorstellung in Großbritannien sprach die Euphorie bereits aus den Zeilen des Händleranschreibens. Dort kündigte der Importeur im 20. Jubiläumsjahr nach Vorstellung der ersten Siku-Zinkdruckgussmodelle die Produktpräsentation der landwirtschaftlichen Serie als Beginn einer neuen Ära an. Die Hoffnung, die gewünschte Marktreputation zu verstärken, sollte sich fortan bestätigen. In den Folgenjahren kamen die entscheidenden Landmaschinenmodelle wie Beetpflug, Scheibenegge und Vakuum-Fasswagen, aber auch Impulsmodelle wie der MB Trac 800 oder Schlepper der Marken Ford, Renault und Steyr hinzu. Dass es Siku ernst nahm mit seinem Engagement, zeigte sich der wachsenden Zahl von Freunden des Maßstabs spätestens 1986, als drei Jahre nach dem Start der Serie mit dem M 36.10 der erste Mähdrescher von Deutz-Fahr vorgestellt wurde. Ein gewaltiges 1:32-Modell voller Funktionen fuhr in die Spielzimmer und in so manche

Endlich ein Claas-Mähdrescher: Mit dem Erfolgsweg der Harsewinkeler Landmaschinenbauer folgt 1997 der Lexion 480 dem Ruf in den Maßstab 1:32.

Ein Spezialist unter den Spezialisten: Das Vorbild des Braud-Vollernter SB 64 gilt als Garant für die verlässliche Traubenernte. Der Präzisionsmaßstab 1:32 verdeutlicht dem Betrachter die besondere Erntetechnik des hochbeinigen Vorbilds.

Sammlervitrine. Ein Jahr später konnten die Modellfreunde mit einem Scheunenbausatz den Spielwert ihrer Maßstabswelt noch weiter ausbauen.

Tatsächlich entwickelte sich das Siku-Sortiment ab 1983 zu einem Spiegelbild der Veränderungen in der deutschen Landwirtschaft. Von den einst 1,65 Millionen Landwirtschaftsbetrieben zu Beginn der Fünfzigerjahre waren laut Statistischem Bundesamt Anfang der Achtzigerjahre gerade mal 836.452 übriggeblieben. 1990 sollten es nur 667.286 sein und 2000 blieben im wieder vereinten Deutschland gerade einmal 448.936 übrig. 2010 sollte die Zahl gar unter die Schwelle von 300.000 fallen und sich 2023 bei nur noch 255.000 einpendeln. So stand außer Zweifel, dass die gern im ländlichen Raum favorisierten Farmer-Modelle zum Serienstart von einer weitgehend intakten, für jeden erlebbaren Landwirtschaftsrealität begleitet wurden – der Schrumpfungskurs stand zu diesem Zeitpunkt noch bevor.

Es ging Schlag auf Schlag: Nach dem Heuladewagen und ersten Anbauten fuhr 1985 mit dem Fendt Farmer 308 LS der erste Schlepper mit Frontlader ins Programm. Der Spielwert der neuen landwirtschaftlichen Maßstabswelt konnte in kurzer Zeit enorm gesteigert werden – der Handel goutierte das neue Sortiment mit umfangreichen Bestellungen, der Absatz wuchs. Im Jahr darauf zeigte Siku Flagge. Dass Funktionalität großgeschrieben wurde, bewies der Dungstreuer, dessen seitliche Zahnradmechanik unter transparenter Haube Schaucharakter besaß. 1989 wurde das Sortiment erweitert mit dem immer wieder nachgefragten und letztlich allseits gewünschten Unimog U 1700 und dem ÖSA 280 Master als Forstmaschine und Muldenkipper. Siku bewies sechs Jahre nach dem Start der Farmer-Serie, dass die Ideen nicht

Aus eins mach drei: Neben dem Maßstab 1:32 erweitert Siku peu à peu die Maßstabsaktivitäten in 1:87. Gerade angesichts der gewachsenen Größe der Landmaschinen erhalten die Miniaturen einen neuen Reiz.

Drei Maßstäbe, eine Farmer-Serie – der Größenvergleich zeigt den Unterschied. Als Baugröße bleibt 1:32 die unangetastete Königsdisziplin im Modellbau von Siku. Passend zur Super-Serie und Siku-World sind die 1:50-Farmer-Modelle hinzugekommen. In der 87-fachen Miniaturisierung überraschen die Landmaschinen mit überraschend vielen Details.

so schnell ausgehen würden. Zum Ende des ersten Jahrzehnts war das 1:32-Programm profilierter als je zuvor – aus immerhin 40 unterschiedlichen Artikeln konnte der Fachhandel sein Angebot zusammenstellen. 1990 war der Zeitpunkt gekommen: Siku fasste das Sortiment der Landwirtschaftsmodelle unter der Produktlinie „Farmer-Serie" zusammen. Dabei wurde dem individuellen Colorcoding Rechnung getragen. Das Blauviolett wurde von einem dezent-frischen Grün abgelöst – die Weichen für die Eigenständigkeit des Sortiments waren gestellt. Mit dem Claas Lexion 480 kam 1997 wunschgemäß das Top-Modell der Harsewinkeler Landmaschinenbauer ins Programm. Außerdem präsentierte Siku den New Holland 5635 und den New Holland L 75. Mit dem Champion Feldhäcksler sowie einer Saatbett-Kombination wurden die Zusatzgeräte immer spezieller.

Sage und schreibe 73 verschiedene Artikel zählten 2002 zur Farmer-Serie. Der Landwirtschaftsfreund konnte bei den Großmodellen aus vier verschiedenen Mähdrescher-Typen sowie zwei Selbstfahrern auswählen. Mit dem 6920 S fuhr der erste Schlepper von John Deere ins Programm. Zugleich wurden als Klassiker der legendäre Lanz Bulldog und der Hanomag R 45 vorgestellt. 17 Schlepper aus den Fünfziger- und Sechzigerjahren gehörten 2007 zur zwischenzeitlichen Produktlinie von Siku Farmer-Classic. Als Neuheit des Jahres freuten sich die Maßstabsfreunde auf den legendären Fendt Geräteträger, der selbstverständlich über eine Fahrerfigur verfügte und in authentischer Weise auf den später vorgeschriebenen Überrollbügel verzichten durfte. Auch wenn es bei den Vorbildern längst eine Nachrüstpflicht für Altmaschinen zum 1. Januar 1977 gegeben hatte.

Daheim bei den Landmaschinenfreunden entwickelte sich eine eigene Welt. Immer mehr Väter bauten gemeinsam mit ihren Söhnen Dioramen und aktuelle Landschaften, in denen die Schlepper und Maschinen bespielt und inszeniert werden konnten. Zugleich prosperierten in den Neunzigerjahren die in England und Holland schon länger als Publikumsmagnete boomenden historischen Schleppertreffen. Immer mehr Menschen, die in ihrem Alltag keine intensive Berührung mit Landmaschinen erfuhren, fanden Gefallen an der Landwirtschaft – getrieben aus einer Mischung von Technikbegeisterung und Nostalgie. Zur Spielbegeisterung kam jetzt die Sammelleidenschaft hinzu. Der hohen Technikaffinität trug Siku mit einer sichtbaren Detailoffensive Rechnung, die Ende der Neunzigerjahre auf Initiative des damaligen Siku-Geschäftsführers Volker Sieper begann.

Landwirtschaft geht nicht ohne den Blick auf die Forstwirtschaft. Die ÖSA Forstmaschine 280 Master steht 1988 früh am Beginn eines ergänzenden Themenfeldes, das die Siku Farmer-Serie bespielt.

Master, lastar upp till 18 ton 1987.

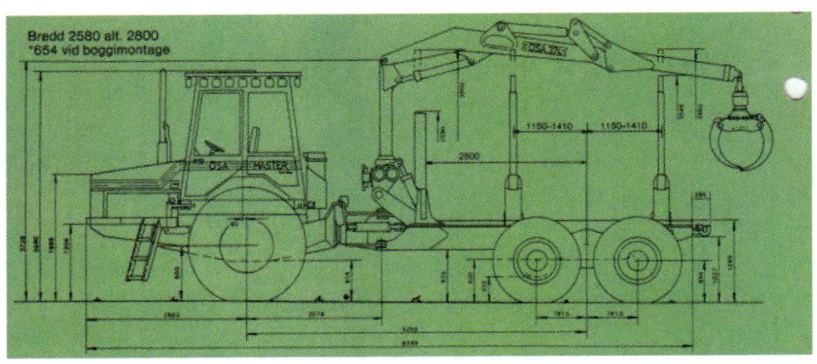

Die Schlepper sollten zusätzlich zur robusten Spielfunktion mehr Modellqualität in sich vereinen, was alsbald an feineren Gravuren, intensiverem Bedruckungsaufwand und mehr Details an und in der Kabine deutlich wurde. Als neuen Superlativ stellte Siku überdies 1999 den mächtigen Holmer-Rübenroder vor – ein Selbstfahrer, der mit seinen über 40 Zentimetern Modelllänge fast an die beiden seinerzeit erhältlichen Mähdrescher, den Top-Liner von Deutz-Fahr und den Claas Lexion 480, heranreichte. Hinzu kamen so spezielle Geräte wie der Siloblockschneider,

So macht es Spaß: Das Geschenk-Set mit Deutz-Schlepper, Anhänger, Vakuum-Fasswagen und Scheibenegge stillt das anfängliche Grundbedürfnis im bäuerlichen Spiel.

John Deere liefert ebenfalls Vorbilder für den Forsteinsatz. Die Harvester sind in der Zwischenzeit allein schon aufgrund ihrer wirtschaftlichen Effizienz zum forstwirtschaftlichen Standard geworden.

eine Bewässerungshaspel oder ein Rundballenwickler – Modelle, die zum Serienstart 1983 niemand für möglich gehalten hätte. Der Land Rover Defender und der JCB Fastrac 2150 bereicherten die Palette ebenso. Mit dem Unikum des hochrädrigen Braud-Traubenvollernters SB 64 und der Wühlmaus 2733, dem Kartoffelroder zum Anhängen, gelang Siku eine zusätzliche Profilierung als Landmaschinenspezialist.

Warum gelangte die Farmer Serie zu solcher Popularität? – kein Fachhändler, kein qualifiziertes Spielzeugregal kann heute auf die 1:32- und inzwischen auch auf die 1:50- und 1:87-Produkte verzichten. Im gesellschaftlichen Kontext findet sich die mehrdimensionale Begründung für den immerhin über vier Jahrzehnte anhaltenden Trend. Siku stieg eben kurz vor dem Höhepunkt der Motorisierungswelle in der deutschen Landwirtschaft in die zugehörige Spiel- und Modellwelt ein. 1985 schrieb die Zulassungsstatistik mit 1,48 Millionen Traktoren einen Höchstwert. Seither ging die Zahl dieser landwirtschaftlichen Zugmaschinen zurück. Die Entwicklung des Traktorenbestandes kam nach Aussagen des Rheinischen Landwirtschafts-Verbandes (RLV)

Die Ladewagen erhalten immer wieder eine Ergänzung. Siku reagiert damit auf die Veränderungen der Landmaschinenhersteller.

Die Blackline bringt Ästhetik in den Landmaschinenbau: Der Claas Lexion 770 gilt unter Siku-Sammlern längst als Must-have-Schmuckstück.

einem Spiegelbild des Strukturwandels in der Landwirtschaft gleich: Immer weniger aktive Bauernhöfe brauchten eben auch immer weniger Traktoren. Durchschnittlich werden nach wie vor zwei Traktoren pro Betrieb eingesetzt. Gegenläufig stellte sich hingegen die Entwicklung der Traktorengröße dar, weil die wachsenden Betriebe auch höhere Ansprüche an die Leistungsfähigkeit und die Schlagkraft der Maschinen stellten. Betrugt die durchschnittliche Motorleistung je Schlepper 1986 noch 64 PS, verdoppelte sie sich nahezu bis 2018 auf 117 PS. Standardschlepper in der Landwirtschaft haben in den letzten Jahren eine durchschnittliche Leistung von 180 bis 200 PS erreicht, während die ausgewiesenen Großschlepper inzwischen 400 PS auf Straße und Äcker bringen. Verständlicherweise wuchs seit der Jahrtausendwende die Größe der eingesetzten Maschinen, zumal ein weiterer Trend sichtbar wurde: Dank der Effizienz der bereitgestellten Großmaschinen verzichteten viele Betriebe auf eine Beschaffung von Spezialmaschinen und gaben Ernteaufträge vermehrt die Hände von Lohnunternehmern – eine Entwicklung, die in den Neunzigerjahren eher eine untergeordnete Rolle gespielt hatte. So tummelten sich auf den Höfen dieser Dienstleister immer größere Maschinenfuhrparks, darunter viele Feldgiganten, die unzweifelhaft einen technischen Reiz ausmachten.

Der Maßstab 1:32 führte in jüngster Vergangenheit unterschiedliche Motivlagen der Modellbegeisterten gezielt zusammen. Im Vordergrund stand natürlich die Technikbegeisterung, die jedes neue Siku-Modell befriedigen sollte. Dass man seit der Jahrtausendwende wesentlich detailreichere Modelle baute, kam diesem Wunsch ebenso entgegen, wie das Aufgreifen immer neuer Spezialmaschinen, vor allem der komplexen Selbstfahrer. Siku investierte hier mit einer Kraft wie kaum ein zweiter Modellbauer in Europa. Und natür-

Die Farbseparierung von Schwarz und Silber verstärkt den optischen Effekt der Edelmodelle in der Siku Farmer-Serie.

Klares Verpackungsdesign mit Markenabsender und Maßstabsangabe. So gehen die Geschenksets in den Handel. Der Vereinheitlichung des Corporate Design schenkt Siku seither große Aufmerksamkeit, schließlich geht es um ein einheitliches Erscheinungsbild im Händlerregal.

lich spielte die technisierte, digitale Welt eine wesentliche Rolle, weil die Landwirtschaft im Maßstab 1:32 die sprichwörtliche Rückkehr „back to the roots" suggerierte. An der Wende zum neuen Jahrzehnt galt die neue Landlust als ausgemachter Trend, der auch mit seiner nostalgischen Komponente zu begeistern wusste. Mit Siku Farmer-Classic standen für Freunde von Landmaschinenveteranen zahlreiche Meilensteine der Fünfziger- bis Siebzigerjahre bereit. Dass der landwirtschaftliche Gleichklang der Farmer-Serie inzwischen alle drei Maßstäbe 1:32, 1:50 und 1:87 erreichte, machte das Landwirtschaftsthema verständlicherweise für eine differenzierte Ansprache der Zielgruppen noch attraktiver. Es bleibt dabei, dass die 32-fache Miniaturisierung als Königsdisziplin des Landmaschinenmodellbaus in die Zukunft geht. Unter der Schwestermarke Wiking schicken die Lüdenscheider Sieper-Werke seit 1997 auch Super-Premium-Modelle in den Markt.

Ein Seismograph für das Themeninteresse ist und bleibt die Agritechnica, wo sich die Freunde von Vorbild und Modell traditionell tummeln. Es geht den Landmaschinenfreunden mehr denn je auch um Design und um Ästhetik von Vorbild und Modell. Es erschienen bereits der Claas Xerion 5000, der Weidemann Hoftrac und der gewaltige Rübenroder von ROPA im Maßstab 1:32 als limitierte Siku Blackline-Modelle. Inzwischen ist die Palette faszinierend angewachsen. Der Claas Lexion 770 gehört ebenso dazu wie der BiG X580 Maishäcksler und die Rundballenpresse Comprima V150XC von Krone. Alle Modelle wurden schwarz lackiert und mit silbernen Absetzungen filigran ausgearbeitet. Durch aufwändige Bedruckungen im Motorraum, silberne Details wie Trittstufen oder bedruckte Radnaben setzten sich diese Modelle eindrucksvoll vom weiteren Siku-Sortiment ab. Die schwarze Hochglanzlackierung machte die einzelnen Limited Editions zu echten Hinguckern. Das Blackline-Sondermodell von Siku zur Agritechnica 2023 umfasste erstmals ein klassische Set bestehend aus dem Eicher Königstiger und dem historischen Zweiachsanhänger. Dem ansonsten aktuellen 1:32-Sortiment wurde mit dem klassischen Blackline-Set eine historische Komponente an die Seite gestellt. Dieses Sondermodell wurde durch passende Accessoires zusätzlich aufgewertet. Zwei klappbare, schwarz-silberne Bierzeltgarnituren fuhren auf dem Zweiachsanhänger mit. Die silbernen Tisch- und Sitzbankflächen stellten auf dem schwarzen Anhänger einen eleganten Eyecatcher dar.

In der Zwischenzeit wurden immer neue Trends aufgegriffen. So fuhr der Manitou Teleskoplader MLT 840 im Maßstab 1:32 ins Programm. Der Lader überzeugte mit

Ein Blick in den Siku-Katalog der Anfangsjahre: Die großen 1:32-Modelle überraschen damals neben den 1:55-Modellen der Super-Serie.

Der Schlüter Super 1250VL von Siku mit Erinnerungswert: Im Jahr 1993 endet zwar nach über 45.000 Schleppern die Vorbildproduktion am Stammsitz in Freising, doch die Geschichte der bärenstarken Schlüter-Schlepper ist keineswegs zu Ende. Denn Schlüter gilt spätestens seit den Sechzigerjahren als Spezialist für PS-starke Traktoren, was dem traditionsreichen Familienunternehmen einerseits Markterfolge, aber mehr noch der Marke Schlüter selbst ein ungeheures bis in die heutige Zeit fortwährendes Prestige beschert.

Aufs Podest gehoben: Den John Deere 6520 feiert Siku als Editionsmodell 2006. Die besonders aufwendige Gestaltung einzelner Landmaschinen wird über all die Jahre zum Sammelbeschleuniger.

einem ausziehbaren Teleskoparm, an der die schwenkbare Schaufel befestigt war. Der Ausleger konnte in der Höhe verstellt werden, um ein realistisches Abkippen zu ermöglichen. Der Aebi TerraTrac erschien als kleiner und wendiger Helfer auf dem Bauernhof. Mit verschiedenen Frontaufsätzen ausgestattet, übernahm er Aufgaben dort, wo Traktoren nicht die nötige Wendigkeit besitzen. Mit dem JCB 435S Agri brachte Siku erstmalig einen Radlader im Maßstab 1:32 heraus. Der JCB war mit einer Silageschaufel

Die Konzentration im Landmaschinenbau macht sich bei Siku bemerkbar: Lamborghini R8.265 und Deutz Agroton 235 präsentieren sich mit dem individuellen Markencharme, sind aber baugleich.

Warum nicht auch in Pink? Der Deutz-Fahr FunTrac gilt als wirklicher 1:32-Individualist. Die verchromten Scheinwerfer auf dem Dach und ein veredeltes Auspuffrohr sind ein weiterer Ausdruck dieses Spaßtraktors.

ausgestattet und wurde auf Bauernhöfen und in landwirtschaftlichen Betrieben eingesetzt. Die Schaufel ließ sich kippen und der Hubarm war beweglich ausgeführt.

Während Modelle von Siku Control 32 inzwischen über eine App am Smartphone steuerbar sind, fehlte es nicht an Hightech-Impulsen. Premiere feierte der Liebherr R980 SME als imposanter Raupenbagger. Sein Vorbild wird vornehmlich in Steinbrüchen oder auf sehr große Baustellen genutzt. Mit über 100 Tonnen Einsatzgewicht und 571 PS schaufelt dieser Bagger die größten Brocken weg. Siku setzte diesen Raupenbagger mit reizvollen Funktionen als ferngesteuertes Modell von Control 32 um. Eigens dafür wurde eine neue Fernsteuerung entwickelt, mit der der Bagger optimal gesteuert werden kann. Der Kettenantrieb lässt sich dabei mit zwei Schaltern an der Fernsteuerung separat bedienen. Damit kann der Bagger sowohl vorwärts und rückwärts als auch Kurven fahren. Sogar 360 Grad-Schwenks sind möglich. Damit der Baggerführer die Kontrolle nicht verliert, gibt es eine Taste, mit der sich der Bagger automatisch in Fahrtrichtung ausrichtet. Der Oberwagen lässt sich um 360 Grad drehen und Greifarm sowie Schaufel können wie beim Original unter den Boden des Baggers greifen und damit das sogenannte Tieflöffeln nachahmen. Die Schaufel lässt sich mit dem Joystick der Fernbedienung geradezu butterweich steuern und ermöglicht eine absolut realistische Schaufelbewegung. Der Bagger ist mit verschiedenen Leuchten ausgestattet, die sich an der Unterseite des Oberwagens, am Führerhaus und am Schaufelarm befinden. Mit der Fernsteuerung von Control 32 können diese durch mehrmaliges Drücken der Lichttaste unterschiedlich aktiviert werden. Es ist längst Hightech, was die 1:32-Maßstabswelt voller Faszination ergänzt.

Die Großlandwirtschaft fordert beim Sammler Regalfläche. Der Fendt 924 Vario zieht die Sämaschine Accord MSC.

Landmaschinenfreunde kennen den unverwechselbaren Lanz-Sound: Beim Siku Control 32-Modell sorgt das authentische Soundmodul für hörbare Schleppernostalgie.

7

In kleinen Schritten zu einem großen Werk automobiler Leidenschaft

Chronik der Siku-Meilensteine

1921

Richard Sieper gründet 1921 – mit Beginn der Inflation – ein Gießereiunternehmen in Lüdenscheid, die Basis der heutigen Sieper-Werke.
Fertigung von Konsumgüterartikeln wie Bestecken aus Aluminium und Aschenbechern. Beginn der Entwicklung und Fertigung von neuen Produkten aus zu dieser Zeit weniger bekannten thermoplastischen Kunststoffen.

1950

Anmeldung des Markenzeichens Siku (Sieper Kunststoffe).
Siku gehört zu den Ausstellern der 1. Nürnberger Spielwarenmesse und zeigt dort erstmalig Spielwaren aus Kunststoff (u. a. einen Bauernhof mit Tieren). In den Folgejahren wird das Spielwarensortiment weiter ausgebaut.

1954

Fertigung der ersten 32 Siku-Spielzeug-Modellfahrzeuge im kindgerechten Maßstab 1:60 aus Kunststoff. Im Gegensatz zum damaligen Wettbewerber Wiking, der Fahrzeuge im angenäherten H0-Maßstab (1:87) herstellte, entwickelte Siku eigenständige Spielzeugmodelle in größerem Maßstab.

1959

Die Deutschen fliegen wieder, und Siku fliegt mit. Die ersten 20 Flugzeugmodelle im Maßstab 1:250 werden erfolgreich in den Markt eingeführt.

1963

Beginn der Produktion von Spielzeugmodellen aus Metall, die im Zinkdruckgussverfahren hergestellt werden. Der Start erfolgte mit 16 Modellen – 60 Jahre später umfasst das Sortiment 250 Spielzeugmodelle.

1973

Neue Zeitrechnung für die Marke Siku: Mit der Handschrift von Studio 70 erscheint ein neues Corporate-Design, das durch die drei Farben Violett, Magenta und Orange getragen wird. Sukzessive werden alle Verpackungen auf neue Schaufensterboxen mit fotografisch illustriertem Reiter und Rückseitenmotiv umgestellt.

1974

Die Pkw-Modelle erhalten neue, violette Faltkartons, die über eine attraktive Fotoillustration mit der seitlichen Autoaufsicht von vorn und von hinten.

1975

Nach der Einführung der EDV im Jahr 1974 erscheint ein neues Nummernsystem, das fortan vierstellig ist und der 1000er-Serie ihren Namen gibt. Damit hält auch die Preisgruppenzuordnung der Modelle Einzug. Im gleichen Jahr folgt die Umstellung auf den Maßstab 1:55, der noch mehr Größe und Modellhaftigkeit bedeutet.

1977

Siku verstärkt das Engagement, eine eigene, imposante Spielwelt aufzubauen. Dazu trägt auch der Lkw-Bauzug mit Großparkplatz mit der Mercedes-Benz-Zugmaschine 2232 bei. Der VW Golf I eröffnet bei Siku eine erfolgreiche Typenchronologie, während der VW 181 Kübelwagen als Fun-Car mit Schlauchboot und als Feuerwehr-Einsatzleitwagen erscheint.

1983

Die Siku Farmer-Serie mit Spielzeugmodellen aus dem landwirtschaftlichen Bereich im Maßstab 1:32 wird vorgestellt und entwickelt sich in den Folgejahren zu einem der erfolgreichsten Siku-Sortimente.

1984

Übernahme des traditionsreichen Berliner Unternehmens Wiking Modellbau. Wiking fertigt detailgetreue Verkehrsmodelle aus Kunststoff im Maßstab 1:87 (H0) und 1:160 (Spur N). Produkte der Marke Wiking zählen in Sammlerkreisen zu den begehrtesten Modellen, die auch weiterhin von „Könnern für Kenner“ entwickelt und gefertigt werden.

1987

Angesichts der Exporterfolge nimmt Siku immer öfter auch Vorbilder internationaler Lkw-Hersteller ins Visier. Mit dem Kenworth Sandtransporter wird ein typisch amerikanisches Vorbild miniaturisiert.

1990

Weil es handlich und kindgerecht ist, stellt Siku die neue „Club-Serie“ vor. Dabei handelt es sich ausnahmslos um kleine Lkw-Modelle. Wichtigster Unterschied zu den bisherigen Blisterfahrzeugen: Die Modelle übersteigen nie die Länge von 75 Millimetern und sind deshalb auch in unterschiedlicher Maßstabsgröße gehalten.

1993

Dem Anspruch zeitgemäßer Typografie gerecht werdend, entsteht das heute eingesetzte Siku-Logo, dessen weißer Schriftzug auf einer roten Kreisfläche in HKS15 platziert ist.

1994/95

Bau eines neuen Logistikzentrums in Lüdenscheid, verkehrsgünstig direkt an der BAB 45 Sauerlandlinie gelegen. Das 25 m hohe, vollautomatische Hochregallager bietet Platz für 6000 Paletten.

2002

Start der Serie Siku Farmer Classic mit detailgetreuen Oldtimer-Traktor-Modellen im Maßstab 1:32.

2004

Mit Siku Control 32 kommt Bewegung ins Spiel. Erstmalig werden Siku-Traktor-Modelle infrarotgesteuert bewegt. Das Sortiment startet Ende 2004 mit zwei Traktoren. Dieser Produktbereich ist mit allen Siku Farmer-Anhängern, -Anbaugeräten und -Traktoren kombinierbar. Es entsteht ein einmaliges Spielsystem aus elektronischen und mechanischen Modellen.

2005

Die erfolgreiche Serie Siku Control 32 wird mit zwei elektronisch gesteuerten Anhängern fortgesetzt. Vorstellung der Serie Siku Superclassic im Maßstab 1:50, die mit detailgetreuen Feuerwehr-Oldtimermodellen an die Erfolge im Bereich der klassischen Traktoren anknüpft.

2006

Nostalgische Gefühle weckt der neue Lanz-Eil-Bulldog aus der Siku Control 32-Serie mit einem geschwindigkeitsabhängigen und authentischen Fahrgeräusch.

2007

Im Jahr 2007 steht der Produktbereich Siku Control 32 ganz im Zeichen des Beginns einer neuen, funkgesteuerten Generation von Modellen (2,4 GHz Funktechnologie). Der neue Lkw mit Tieflader der Marke MAN erreicht ein bisher in der Firmengeschichte der Marke Siku nie realisiertes technisches Niveau. Erstmalig in der Siku-Firmengeschichte ist es seit Anfang Januar 2007 möglich, Siku Merchandise Artikel wie Caps, Uhren, Tassen und Siku-Zubehörteile direkt und online bei Siku zu bestellen. Das erste eigene Siku-Produktionswerk in Asien (Dongguan) wird gegründet.

2008

Die im Jahr 2007 begonnene erfolgreiche Neuausrichtung des Siku Control 32-Sortiments auf die 2,4 GHz-Funktechnologie findet in 2008 auch in der Landwirtschaft mit dem Traktor Deutz-Fahr Agrotron X720 eine konsequente Fortsetzung.

2009

Die Produktlinie Siku Control 32 wird durch innovative, funkgesteuerte Modelle wie einen John Deere Raupenschlepper auf höchstem technischen Niveau ergänzt. Die Marke Siku stellt zum 60. Mal auf der Spielwarenmesse Nürnberg aus.

2013

Vollgas mit Siku Racing: Mit der Serie Siku Racing, ausgezeichnet mit dem ToyAward 2013 und Trader'sFavourite 2013, starten die Lüdenscheider ein neues Konzept für eine nicht-spurgebundene Rennbahn. Mit zwei mittels 2,4 GHz ferngesteuerten Rennwagen beginnt ein neuer Abschnitt von Rennspaß im Kinderzimmer.

2016

Die neue Fertigungsstätte in Polen ermöglicht im Zusammenspiel mit den bestehenden Werken in Deutschland und China eine umfassende Verbesserung der weltweiten Logistik und Lieferfähigkeit sowie die Sicherung modernster Produktionsstandards.

2019

Die App-Steuerung macht es möglich – innovativ, detailgetreu und funktionsreich. Dafür stehen Siku und die ferngesteuerten Fahrzeuge der Control-Reihe. Die neuen Siku Control-Traktoren Claas Xenion 5000 TRAC VC, Fendt 933 Vario mit Frontlader und John Deere 7310R mit Frontlader versprechen mit der neuen APP, der Bluetooth-Technologie und zahlreichen Features noch mehr Spielspaß für junge und junggebliebene Traktorfahrer – zu Hause und unterwegs. So lassen sich Funktionen, aber auch Lichter und Getriebe der Traktoren steuern.

2020

Toddys Welt heißt der Spielspaß für Kinder ab 18 Monaten. In tollen Farben und liebevollem Design sind die Toddys ein neuer Trend für Mädchen und Jungen. Die Spielmöglichkeiten sind auf die unterschiedlichen Entwicklungsstufen zugeschnitten und speziell für Kinderhände entwickelt.

2021

Die Sieper-Gruppe feiert Jubiläum: Neue limitierte Sondereditionen zu 100 Jahre Sieper machen das deutlich. Siku nimmt dies zum Anlass, einige begehrte limitierte Modelle mit dem „100 Jahre Sieper"-Logo zu versehen. Ausgewählte Modelle im Bereich der Blister, der Super-Serie sowie im Bereich Control sind erhältlich.

Modellbauerischer Brückenschlag von der Tradition in die Zukunft

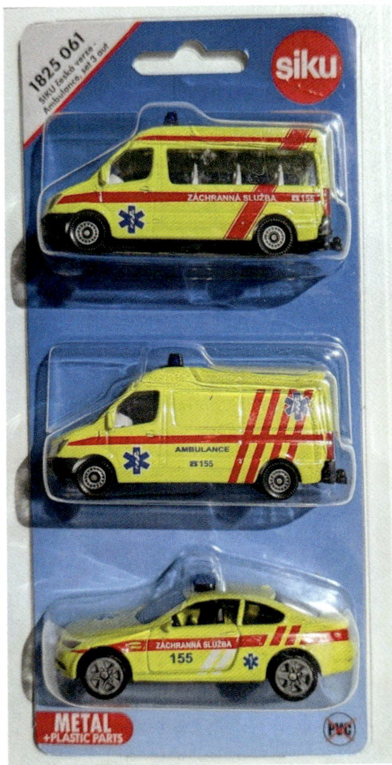

Auf Blisterkarten fahren Einsatzfahrzeuge von Rettungsdienst und Feuerwehr unterschiedlicher Nationalitäten in die Kinderzimmer. Die Trios schaffen auf Anhieb kleine Spielwelten.

Der beliebte Modellbahnmaßstab 1:87 hat in den letzten zwei Jahrzehnten gerade innerhalb der Farmer-Serie viele neue Freunde gefunden. So kann die vielfältige Welt der Landwirtschaft auf kleinstem Raum entstehen.

Das eine ist die Tradition, das andere die Zukunft: Die heutige Sortimentsgestaltung von Siku in Lüdenscheid orientiert sich stark an einer Kombination aus Qualität, Innovation und dem Anspruch, realitätsnahe Miniaturfahrzeuge für verschiedene Altersgruppen zu produzieren. Das Unternehmen mit seinem Stammsitz in Lüdenscheid, aber auch Produktionsorten in Polen und China, ist seit Jahrzehnten eine feste Größe im Bereich hochwertiger Spielzeugmodelle aus Metall und Kunststoff – und das spiegelt sich deutlich im aktuellen Sortiment wider.

Das Herzstück der Produktpalette bildet die Siku Super-Serie, die überwiegend im Maßstab 1:50 und 1:87 angeboten wird. Hierbei handelt es sich um realitätsgetreue Modelle von Fahrzeugen aus den Bereichen Bauwesen, Straßenverkehr, Einsatzfahrzeuge und städtische Mobilität. Besonders beliebt sind detailreiche Modelle von Feuerwehrfahrzeugen, Baggern oder Lkw, die oft mit beweglichen Teilen wie Anhängern, Aufliegern, Kränen oder Ladeflächen ausgestattet sind. Diese Spielzeugmodelle bestehen in der Regel aus Zinkdruckguss mit robusten Kunststoffelementen, was sie besonders langlebig und kindgerecht macht. Erst vor einigen Jahren kam die Landwirtschaft hinzu, die in der 50-fachen Miniaturisierung sozusagen eine Brückenfunktion besitzt.

Ein zweiter wichtiger Bereich ist die Siku Farmer-Serie, die speziell auf die Welt der Landwirtschaft zugeschnitten ist. Neben Traktoren namhafter Hersteller wie Fendt, John Deere oder Claas umfasst diese Linie umfangreiches Zubehör, wie etwa Anhänger, Silos, Pflüge oder Mähwerke. Die Modelle sind im Maßstab 1:32 gehalten, was ihnen eine besonders hohe Detailtreue verleiht und sie sowohl bei Kindern als auch bei Sammlern beliebt macht. Viele dieser Modelle lassen sich zudem mit zusätzlichem Zubehör kombinieren oder erweitern, was das Spiel- und Sammelerlebnis intensiviert. Ergänzend kamen auch die „grünen" Maßstabswelten in 1:50 und 1:87 hinzu. Für die jüngere Ziel-

Das Spielsystem Siku World gibt der spielerischen Fantasie neuen Raum! Unzählige Ausbaumöglichkeiten und spannende Zubehörartikel bieten neue Gestaltungsoptionen.

Mit einem Sonderset in 50-facher Miniaturisierung spricht Siku vor allem die vielen Markenfans landwirtschaftlicher Modelle an. Dieses Trio wendet sich an die Freunde von John Deere, denn zum Schlepper gibt es gleich die Kundendienstfahrzeuge dazu.

gruppe führen die Lüdenscheider auch die Siku World – ein modulares Spielsystem mit passenden Gebäuden, Straßenplatten, Parkhäusern und Landschaftselementen, das sich gut mit den Fahrzeugen aus dem Super- und Farmer-Sortiment kombinieren lässt. Dieses System unterstützt kreatives Spielen und die Nachbildung realistischer Alltagssituationen. Darüber hinaus intensiviert das Unternehmen auch in Zukunft die Fortentwicklung ferngesteuerter Modelle in der Reihe Siku Control. Diese RC-gesteuerten Fahrzeuge zeichnen sich durch ihre hochwertige Verarbeitung und technische Raffinesse aus – inklusive LED-Beleuchtung, feinfühliger Lenkung, realistischer Antriebstechnik und vieler interaktiver Funktionen. Diese Modelle richten sich vor allem an ältere Kinder, Jugendliche und erwachsene Technikbegeisterte.

Neben diesen Kernbereichen achtet Siku in seiner Sortimentsgestaltung auch auf aktuelle Trends, Kooperationen mit Automobilherstellern und neue Entwicklungen im Mobilitätssektor. So finden sich zunehmend Modelle von E-Autos, modernen Bussen oder auch urbanen Logistikfahrzeugen im Sortiment wider. Limitierte Sondereditionen, Sammlermodelle und exklusive Farbvarianten runden das Angebot ab und bedienen besonders den Markt der Modellfahrzeugsammler.

Insgesamt bleibt Siku – für jeden sichtbar – seiner Linie treu: Das Sortiment aus Lüdenscheid steht für eine ausgewogene Balance zwischen Spielwert, technischer Präzision, robuster Qualität und einer gewissen zeitlosen Ästhetik. Dabei gelingt es dem Unternehmen, durch eine geschickte Sortimentsgestaltung sowohl Kinder im Vorschul- und Grundschulalter als auch jugendliche Tüftler und erwachsene Sammler langfristig zu begeistern.

8

Menschen machen Marke und Siku-Autos

Robuste Funktionen im harten Alltag

Mittelstandsunternehmen haben ihre eigenen Gesetze. Sie ticken wie ihre Gesellschafter, werden mit Mitarbeitern und Produkten zu einer Einheit, die kraftvoll nach vorn marschiert. Ideenreich, investitionsoffensiv und selbstbewusst. Auf Richard Sieper & Söhne, die späteren Sieper-Werke, trifft all das zu. „Nach der Umstellung von Kunststoff auf Zinkdruckguss im Jahr 1963 sahen wir uns von der Produktseite schon ziemlich gut aufgestellt – die Modelle liefen draußen im Handel wirklich gut“, erinnerte sich Volker Sieper. Er hatte die Aufgaben von seinem Vater Werner und seinem Onkel Kurt am 2. Januar 1972 übernommen. Die Söhne des Gründers Richard Sieper hatten das Unternehmen durch drei turbulente Jahrzehnte geführt – das Ende des Krieges und die Wiederaufbaujahre mit einer Neuorientierung inklusive. Im Jahr nach dem 50-jährigen Jubiläum hatte Volker Sieper das Sagen und musste das Unternehmen zukunftsfähig aufstellen.

Der Montagesaal an der Lüdenscheider Bräuckenstraße um 1935: Die Mitarbeiterinnen von Richard Sieper & Söhne montieren Koppelschlösser, die nicht nur die geforderten Zugkräfte von 100 kg aushalten, sondern mit einer Zugfestigkeit von 340 kg die Wettbewerber für die begehrte Wehrmachtsausschreibung hinter sich gelassen haben.

Der Stammsitz an der Bräuckenstraße ist über 100 Jahre Firmensitz der heutigen Sieper GmbH geblieben. Mit dieser Grafik wirbt das Unternehmen noch bis in die späten Fünfzigerjahre beim Handel.

Tatsächlich musste einiges geschehen. So wurden die Karosserien der damaligen Super-Serie immer noch außer Haus lackiert. Nur kurze Zeit später wurde alles ins Haus geholt – des einen Leid, des anderen Freud': „Wir haben eine große Lackierbox vom damaligen Schreibmaschinenhersteller Olympia aufgekauft, der damals gerade seine Produktion einstellte. In der Folge bauten wir die Anlage nach unseren Erfordernissen um. Der wesentliche Vorteil war, dass diese elektrostatisch arbeitende Lackierstraße die Karosserien von oben und unten in einem einzigen Durchgang lackieren konnte", erinnert sich Volker Sieper. Das funktionierte, weil die Metallkarossen auf ein Netz mit ganz dünnen Drähten gestellt und anschließend in die elektrostatische Glocke geschickt wurden. Nach der jahrelangen Nasslackierung besaß die elektrostatische Lackierung erhebliche Vorteile. „Damals wurden die sogenannten Trauben aufgebaut. Das sind jene Metallrahmen, an denen die Fahrzeugteile hingen, um anschließend lackiert zu werden." Das Ergebnis war den Siku-Autos anzusehen: Der Lack wirkte geschlossener, besaß mehr Härte und Farbkraft.

Die beiden Gründergenerationen: Richard Sieper (l./Jahrgang 1880) wagt 1921 den Weg in die Selbstständigkeit, während seine Söhne Werner Sieper (Jahrgang 1904) und Kurt Sieper (Jahrgang 1909) 1935 ins Unternehmen eintreten. Die Brüder übernehmen nach dem Krieg die Neuausrichtung des Familienbetriebes, werden 1972 von Volker Sieper abgelöst.

Werner Sieper mischte sich in die unternehmerischen Entscheidungen seines Sohnes kaum ein, begleitete sie in der Übergangsphase aber konstruktiv. Dennoch blieb Werner Sieper die „graue Eminenz" auch, als das Unternehmen in den frühen Siebzigerjahren von Richard Sieper & Söhne zu den Sieper-Werken umfirmierte. „Mein Vater stand nie auf der Bremse, sondern wollte jedes der Projekte kennenlernen und vorgerechnet wissen. Seine Devise hieß: Gürtel enger schnallen, jetzt geht's zur Sache! Und dann wurde es gemacht", schrieb Volker Sieper seinem Vater die besten Tugenden eines Mittelstandsunternehmers zu. So entstand 1975 der größte Bauabschnitt in der Unternehmensgeschichte, der fortan innerhalb der Produktion deutlich mehr Kapazitäten schaffte.

Man erinnerte sich nach dem 50. Jubiläumsjahr auch gern an den Gründer Richard Sieper (Jahrgang 1880), der am 1. Juli 1921 den Grundstein für das Familienunternehmen gelegt hatte, weil er spürte, wo im Markt Bedarf steckte. So kamen in den 1920er-Jahren Bestecke aus Aluminiumguss zur Fertigung – ein beliebtes Tauschmittel in jener Inflationszeit, als der Geldwert von Tag zu Tag dramatisch weniger wurde. Gründervater Richard Sieper hatte mit seinem Kleinbetrieb an der Schlittenbacher Straße die inflationären Jahre schadlos überstanden. Als kundiger Werkzeugschlosser war Richard Sieper in der

In den Firmenräumen an der Bräuckenstraße pulsiert in den Wirtschaftswunderjahren das Leben. Alle Bereiche schaffen die Voraussetzungen, um in der Spielwarenbranche auf Wachstumskurs zu gehen.

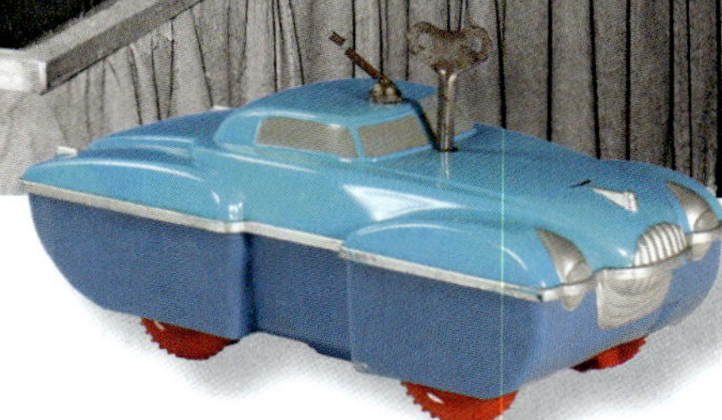

Die Nürnberger Spielwarenmesse, deren Gründungsmitglieder Werner und Kurt Sieper sind, gehört seit 1950 bis heute zum festen Termin im Jahreskalender. Schon in den ersten Jahren reist der Verkauf in die Frankenmetropole, um seine Produkte vorzustellen. Beim Amphibienfahrzeug scheut man nicht einmal den Einsatz von Wasser, baut zusätzlich eine Rampe, um die Steigqualitäten des neuen Produktes vorzustellen.

Werbung muss sein: Mit programmaktuellen Anzeigen stellt Siku seine Plastik-Spielzeuge dem Fachpublikum in der Zeitschrift „Das Spielzeug“ vor. Für jeden sichtbar: Die Produktpalette wächst von Jahr zu Jahr.

Heimatbewusstsein zahlt sich aus: So werden in den Fünfzigerjahren der Kiosk am Lüdenscheider Markt und der Büssing-Bus der Märkischen Verkehrsbetriebe miniaturisiert. Manchmal liegen die Vorbilder in der Nachbarschaft zum Greifen nahe.

Metallwarenfabrikation ebenso versiert wie in der Kunstharzerzeugung. Er hatte Werkzeuge für Tabakdosen, Zigarettenetuis, Aschenbecher und Zündholzetuis gebaut. Mit letzterem Artikel war das junge Unternehmen sogar in die Produktion eingestiegen – ein geschütztes Reibverfahren zum Zünden des Streichholzes verschaffte dabei einen Wettbewerbsvorteil. Die Söhne Werner (Jahrgang 1904) und Kurt (Jahrgang 1909) hatte der umtriebige Vater schon früh in die Pflicht genommen.

Diese fünf Jahrzehnte bedeuteten für Volker Sieper (Jahrgang 1941) nicht nur Erinnerungen. Sie waren für ihn, der in dritter Generation unterwegs war, Ausweis seiner neuen beruflichen Bühne an der Spitze der Sieper-Werke und Herausforderung als junger Markenmacher von Siku. Als bei den Sieper-Werken der Generationswechsel vollzogen war, gab Volker Sieper rasch die Strategie für die Werbelinie und Produktgestaltung von Siku vor. Es war das letzte Jahr, als die Lüdenscheider Modellbauer einen gezeichneten Katalog auslieferten. Und es sollte ein ganz besonderer werden, wie man es erst Jahrzehnte später zu schätzen wusste. Die geschwungene Rahmedetalbrücke der Sauerlandlinie mit ihren fein gezeichneten Siku-Modellen eroberte auf dem Jahresprospekt 1972 die Herzen der Bundesrepublik. Denn in Lüdenscheid hatte mit der Autobahnanbindung an die Sauerlandlinie der A45 nach jahrelangen Erdbewegungen endlich die automobile Zukunft begonnen.

Als es um die Gestaltung des Covermotivs ging, war man damals in der Siku-Verwaltung an der Schlittenbacher Straße – nur wenige Kilometer von der Talbrücke Rahmede entfernt – auf Anhieb davon überzeugt, damit ein lebendiges, aber vor allem zukunftsgewandtes Bild der Verkehrswelt zu zeigen. Das sollte die jungen Kunden, aber auch deren Väter ansprechen. Es war die Zeit, als Siku-Autos im deutschen Spielwarenfachhandel boomten – unter den Tannenbäumen der Republik lagen die damals noch schlichten Farbkartons mit

1957 1970 1971 1972 1976 1994 2005

Das Markenzeichen bleibt über all die Jahrzehnte ein Erkennungsmerkmal. Bis zum aktuellen Logo findet eine evolutionäre Anpassung an Zeitgeist und Wiedererkennung statt.

Großbrand bei Siku: Am 1. April 1987 schießen die Flammen zügellos aus dem Teilelager. Wie durch ein Wunder bleibt das Formenlager verschont. Schon nach wenigen Wochen Wiederaufbauarbeit nimmt Siku die Produktion wieder auf.

der kolorierten Abbildung der Automodelle. Dass die hintere Richtungsfahrbahn auf dem Prospekttitel nur zwei und die vordere drei Fahrspuren hatte, sollte den Betrachter kaum stören. Der zugehörige Prospekt mit dem rückseitigen Wunschzettel zum Ankreuzen hielt 87 Spielzeugmodelle zwischen 2 DM und 11,95 DM bereit – ein Büchlein zum Träumen.

Als die Talbrücke Rahmede zwischen 1965 und 1968 gebaut wurde und damit Lüdenscheid via Sauerlandlinie endlich an das bundesrepublikanische Autobahnnetz angebunden war, galten das Bauwerk und die gelungene Anbindung an die Nord-Süd-Verkehrsader schlichtweg als eine Errungenschaft – für Siku ein zusätzlicher Grund, die heimische Autobahnszenerie aufs Titelcover zu heben. Die junge Leserschaft war begeistert von den Pkw, an denen sich die Türen öffnen ließen, oder vom robusten Magirus-Autotransporter, dessen Auflieger mit einem kleinen Hebel abgesetzt werden konnte. Und dazu war noch das mächtige Metz-Flugfeldlöschfahrzeug ins Programm gerollt – ein wirklicher Löschgigant. Mit Autokran und Bagger wurde der Fuhrpark aus Lüdenscheider Produktion komplettiert und das Spielvergnügen auf dem Küchentisch und im Kinderzimmer perfekt gemacht. Dass es gerade die Rahmedetalbrücke war, die fast fünf Jahrzehnte später, im Dezember 2021, wegen Einsturzgefahr gesperrt und kurz darauf abgerissen wurde, wirkt heute wie ein Anachronismus in der Siku-Geschichte.

Volker Sieper gelang im Folgejahr 1973 der Auftakt einer neuen Gestaltungslinie, die von Jahr zu Jahr die Marke im Prospekt und im Verkaufskarton impulsstärker präsentierte. Nicht Zeichnungen sollten Siku-Autos verkaufen, sondern vorbildgerechte Fotos – der Prospekt wurde unversehens zum Sammelalbum. Ein weiterer Modelltrend der Lüdenscheider wurde unübersehbar – und von den Kunden goutiert: Neue, immer größere Modelle kamen ins Programm. Mit ihnen konnte Siku neue Preisgruppen erschließen und damit erhöhte Wertschöpfung erreichen, zugleich bekam die Marke ein Mehr an Wertschätzung in der Wahrnehmung der jungen Käufergeneration. Und während andere Spielzeugautos wie Matchbox ein internationales Sortiment anstrebten, blieb Siku bei einem auf die deutsche Verkehrswirklichkeit zugeschnittenen Sortiment. Gute Mittelständler-Sitte eben: Schuster bleib bei den Leisten.

Manches Mal bedarf es der Fügung menschlicher Begegnungen, die Veränderungen herbeiführen können. So war es auch im Siku-Marketing. Ernst Kutschinski, Gebrauchsgrafiker und Grafikdesigner aus Überzeugung, hatte noch zuvor beim örtlichen Unternehmen Hoffmeister-Leuchten die Aufgabe des Werbeleiters inne, ehe es ihn in die Selbstständigkeit zog – mit der Lüdenscheider Agentur, die als Studio 70 firmierte. Einer seiner ersten Kunden wurde der Zweitsitz der Sieper-Werke in Müsen, dort, wo inzwischen Badezimmermöbel gefertigt wurden und wo die Brüder von Volker Sieper, Hartmut und

Geht nicht, gibt's nicht: Für die vielfältigen Anfragen der Industrie nach Siku-Spielzeugmodellen entstehen seit Jahrzehnten immer wieder attraktive Autos, die einen werblichen und zuweilen thematischen Bezug zum Auftraggeber herstellen. Werbemodelle haben sich über die Jahrzehnte zu einem veritablen Sammelthema für Spezialisten entwickelt.

Wieland, das Sagen hatten. Ernst Kutschinski und Volker Sieper lagen rasch auf einer Wellenlänge, spürten gleich, dass man bei Siku in Lüdenscheid etwas bewegen konnte, ja gar musste. Die Flowerpower-Jahre bestimmten den Zeitgeist, nur Siku schien noch in den Sechzigern zu verharren. Im Markenauftritt, in der Produktgestaltung und in der Messepräsentation.

„Wir haben uns sehr intensiv über die Farben Gedanken gemacht", erinnerte sich Volker Sieper. Er und sein Agenturpartner Kutschinski – beide jung in den Dreißigern – tüftelten über das grafische Konzept, versuchten die

In den Siebzigerjahren nimmt die Belegschaft Aufstellung zum Gruppenfoto. Am Hofeingang zur Schlittenbacher Straße versammeln sich Mitarbeiterinnen und Mitarbeiter aus Produktion, Lager und Verwaltung, um Stärke zu demonstrieren.

Die frühen Neunzigerjahre in Lüdenscheid: Während die Karosserien aus Zinkdruck entstehen, purzeln die Kunststoffbauteile aus den zahlreichen Spritzgussautomaten, die sich in den Sälen des Lüdenscheider Unternehmens aneinanderreihen.

Die Traktorreifen entstehen aus einem besonders widerstandsfähigen Material und werden mit Hilfe von Maschinen auf die Felgen montiert.

Die Farmer-Serie bringt in den Neunzigerjahren neues Produktionsvolumen an den Lüdenscheider Stammsitz. Erst später werden Teile der Fertigung aus Kostengründen nach China und Polen verlagert.

Produktphilosophie im Corporate Design zu verankern. Ernst Kutschinski: „Anfangs haben wir stark die Farbe Silber favorisiert, weil sie auf Anhieb als Signal für die Metallkarossen der Zinkdruckgussautos stand." Dann aber ließ man den Zeitgeist ran – Anfang der Siebzigerjahre waren satte Farben Trend. Die Tapeten sahen so aus, auch das Lackspektrum der Autohersteller. Irgendwie hatte die 1968er-Generation ihre Spuren hinterlassen. Es folgte die Modernisierung des Colorcodings. „Für die Sieper-Haushaltsprodukte hatten wir bereits ein Kreislogo mit drei Farben definiert, sodass wir damit spielen konnten", so Kutschinski.

1973 stand also der neue Siku-Katalog – der sachliche Schriftzug umschlossen von drei trendigen Farbringen in Violett, Magenta und Orange. Diese kreative Initialzündung verdankte man Studio 70 und Ernst Kutschinski. Volker Sieper: „Er hat damals eine junge, innovative und agile Agentur aufgebaut. Und noch wichtiger für mich: Ernst Kutschinski arbeitete strukturiert, gestaltete handwerklich brillant und strebte stets Optimierungen an. Ich würde ihn rückblickend als kreativ unzufrieden und mit dem ständigen Hang zum Perfektionismus beschreiben." Für Volker Sieper sollte er in den folgenden Jahrzehnten zu einem perfekten Sparringspartner werden, „mit dem ich knochenharte Diskussionen über alle Bereiche der Markengestaltung geführt habe". Ihm war die konsequente Darstellung der Marke Siku zu verdanken, die von 1973 bis heute auch seine Handschrift trägt. „Obwohl wir uns erst nach 15-jähriger Zusammenarbeit geduzt haben, genoss er sehr früh mein Vertrauen. Jeder im Unternehmen wusste, dass er in meiner Abwesenheit als einziger die Vollmacht hatte, Verpackungen oder andere Markengestaltungen freizugeben." Wenn sich heute also noch ganze Generationen an die typischen Siku-Verpackungen mit dem fotoillustrierten Reiter erinnern, sei auch das ein Verdienst von Ernst Kutschinski. Zwar wurde das Logo später rot, eine Ähnlichkeit in der fortschreitenden Evolution des Markenzeichens und der Verpackungslinie über Violett hin zum tiefen Blau ist mehr als fünf Jahrzehnte später unübersehbar.

Doch wie entstand das Siku-Sortiment in jenen Jahren? 1975 saßen alle Verantwort-

Mit immer neuen Fertigungsschritten und einer teilweisen Automatisierung versucht die Sieper GmbH, dem wachsenden Druck der Lohnkosten zu entgehen. Für die Spielwarenbranche sollte das nach der Jahrtausendwende zunehmend schwieriger werden.

lichen in der regelmäßigen Produktbesprechung unter der Führung von Volker Sieper wochenweise beisammen: der Meister des Werkzeugbaus, Erwin Walk, Konstruktionsleiter Hans-Peter Heimeroth, aber auch Siku-Urgestein Karl Brockhaus sowie Exportleiter Antony Morley, Betriebsleiter Günther Ebel und Produktionsleiter Alfred König. Es herrschten muntere Diskussionen, in denen das Für und Wider einzelner Vorschläge zum Thema wurde. Diese Vorschläge gelangten aus dem eigenen Haus, von Fahrzeugherstellern, aber auch von Kindern aus ganz Deutschland auf den großen Besprechungstisch. Das wohlwollende, zuweilen Rat gebende Feedback von Handelsseite auf jüngste Entwicklungen fand ebenso Berücksichtigung. Weil alle Fachdisziplinen am Tisch saßen, fiel das Ergebnis jeder Produktbesprechung verständlicherweise lösungsorientiert aus. Es ging um die praktische Miniaturisierung eines Vorbilds, um dessen technische Konzeption und naturgemäß musste die Preispositionierung passen. Immer im Fokus: die nachhaltigen Spielfunktionen – attraktiv und robust ausgeführt. „Wir legen Wert darauf, dass jede Neuheit ein typisches Siku-Modell ist und

Freundlich und einladend präsentiert sich das Verkaufsregal zur Mitte der Achtzigerjahre. Der farbenfrohe Markenlook hat sich innerhalb eines Jahrzehnts gefestigt und durchgesetzt. Erst langsam vollzieht sich die farbliche Trennung im Packaging zwischen Super- und Farmer-Serie.

An den „Trauben“ entstehen Autoträume: Anders als bei der Nasslackierung kommt in den Siebzigerjahren erstmals eine elektrostatisch arbeitende Lackierstraße zum Einsatz. Sie kann die Karosserien von oben und unten in einem einzigen Durchgang lackieren.

in Konzeption, Gestaltung und mit besonderem Pfiff dem Käufer zeigt, dass es von Siku kommt“, erklärte Karl Brockhaus schon 1975 die grundsätzliche Produktphilosophie. Er wusste, wovon er sprach, immerhin war der Prokurist von der ersten Nürnberger Spielwarenmesse an dabei. Erfahrung auf der einen Seite, neue Impulse vom jungen Geschäftsführer Volker Sieper auf der anderen Seite – dieses Aufeinandertreffen von manchmal kontroversen Meinungen brachte spürbare Bewegung ins Unternehmen. Ein aufwendiges Modell benötigte in jenen Jahren bis zu dreißig Werkzeuge. Rund zehn Produktneuheiten pro Geschäftsjahr stellte Siku in den Siebzigerjahren vor. Dass man in den Sieper-Werken seinerzeit von einer Minimum-Stückzahl von 750.000 bis 1.000.000 Exemplaren ausging und diese auch immer erreichte, bewies, dass die Macher damals bei der Auswahl mit glücklicher Hand unterwegs waren. Nach damaliger Markteinschätzung erzielte die Marke Siku mit dem ab 1973 konsequent aktualisierten Produktauftritt innerhalb von wenigen Jahren eine dreimal so hohe Umschlagsgeschwindigkeit wie andere Artikel.

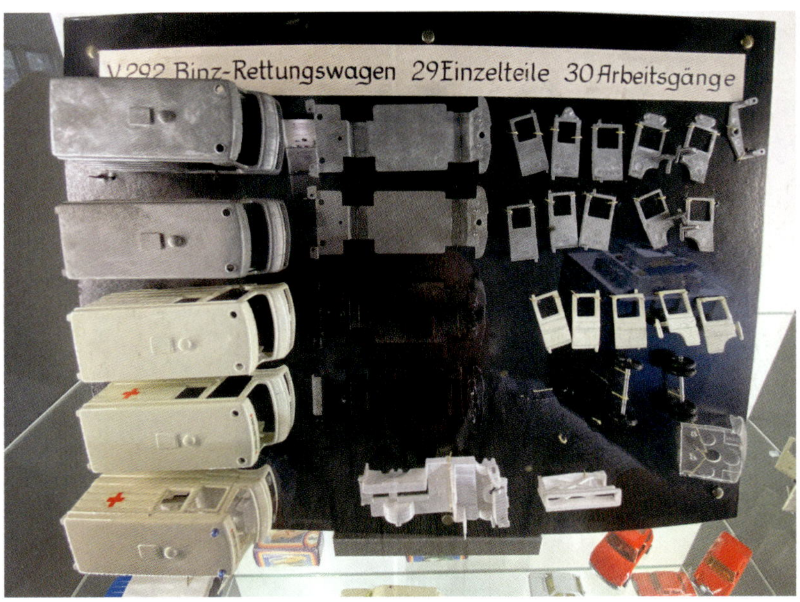

Um den Montageaufwand deutlich zu machen, zeigt ein Karton mit den aufgenähten Bauteilen des Binz Rettungswagens, dass damals 30 Arbeitsgänge zur Entstehung des Siku-Fahrzeugs notwendig waren.

Die personelle Wachablösung erfolgte dann am 31. März 1978. Mit 65 Jahren ging der langjährige Prokurist und allerorts respektierte Branchenkenner Karl Brockhaus in den Ruhestand. Brockhaus war es, der nach russischer Kriegsgefangenschaft 1950 auf einem Zwei-Quadratmeter-Stand die erste Nürnberger Spielwarenmesse erlebt hatte. Er begleitete an der Seite der zweiten Familiengeneration mit Werner und Kurt Sieper den Erfolgsweg von den Plastikmodellen bis hin zur 1963er-Einführung der Zinkdruckgussserie. Seine Position übernahm im gleichen Jahr Hartmut Schulz, der fortan den Verkauf Inland verantwortete. Auf ihn warteten in den Achtzigerjahren neue Herausforderungen. Immerhin musste sich die Spielwarenbranche den Veränderungen in der Handelslandschaft stellen. Viele traditionsreiche, langjährige Fachhandelskunden gaben auf, dafür kamen neue Vertriebsschienen von SB-Warenhäusern bis hin zu Tankstellenshops hinzu. Entsprechend der neuen Handelslandschaft gab es neue, shopkonforme Verkaufsständer, aber auch Thekendisplays für Blisterware.

Niemand war gefeit vor Tiefschlägen, auch Siku nicht. Der Großbrand am 1. April 1987 an der Schlittenbacher Straße versetzte Unternehmensleitung und Belegschaft augenblicklich in Schockstarre. „Wir hatten sicherlich auch Glück. Wenngleich es einen Sachschaden in Millionenhöhe gab, war vor allem das Teilelager betroffen“, erinnerte sich Volker Sieper. Das Wichtigste war natürlich das Werkzeuglager, das nicht betroffen wurde und glücklicherweise überhaupt keinen Schaden nahm. Mit zeitgemäßen Investitionen in neue Lagertechnik konnte man die Produktionsverluste wieder ausgleichen und die Fertigung rasch wieder anlaufen lassen.

Obwohl mit dem Programmjahr 1983 die neuen Farmer-Modelle hinzugekommen waren, änderte sich am Neuheitentempo der Super-Serie lange Zeit nichts. 1986 zählten 50 Pkw-Modelle sowie über 65 Spezialfahrzeuge und Lkw zum Programm. Anders als noch zehn Jahre zuvor gab es inzwischen eine Vielzahl von großvolumigen Aufliegern, die mit der Mack- und White-Zugmaschine jetzt sogar US-amerikanisches Flair ins Programm brachten. Außerdem lockten spannende Aufliegerkombinationen, die als Ladung einen Rettungshubschrauber, einen Großbagger, einen Radlader oder einen Turmdrehkran mitbrachten. Als neue Produktgiganten wurden im Handel eine immerhin 1,5 Meter lange Straßenbrücke und ein schwimmfähiges Segelboot angeboten – beide auf einem 49 Zentimeter langen US-Gespann verlastet. Zwischenzeitlich integrierten die Sieper-Werke mit der Übernahme von Wiking-Modellbau 1984 die Präzisionsmodellmarke. Und noch ein Glücksfall: Nach der Wende im Herbst 1989 konnten die Lüdenscheider ihren Vertrieb im Folgejahr rasch ausbauen und in den neuen Bundesländern ebenfalls punkten.

Das Fachblatt „Das Spielzeug“ hebt die Siku-Werbung 1987 auf den Titel.

Großer Bahnhof dann 1996 an der Schlittenbacher Straße: Zum 75-jährigen Jubiläum lud die Unternehmensleitung alle Mitarbeiter und Betriebsrentner mit ihren Familien zu einem Tag der offenen Tür ein. Rund 1.000 Gäste folgten dem Ruf. Grund zum Feiern gab es genug, denn an diesem Festtag nahmen die Sieper-Werke das neue Hochregallager an der Bellmerei unweit der Sauerlandlinie in Betrieb. Mit Shuttlebussen konnten sich die Mitarbeiter von der Leistungsfähigkeit der immerhin 27 Meter hohen Logistikdrehscheibe überzeugen. Über zehn Millionen Mark investierte Siku damals in das Hochregallager, das auf zwölf Regalebenen Stauraum für rund 6.000 Europaletten bot. Und noch

Viele manuelle Arbeitsschritte sind bis in die Neunzigerjahre hinein vonnöten, um die lackierten Bauteile zu säubern und für die Montage vorzubereiten (l.). Unterdessen erhält die Druckerei durch moderne Tampon-Druckmaschinen beste Voraussetzungen, um fortan jedes Druckbild realisieren zu können (r.).

Werbung in eigener Sache – impulsstark und konsequent. Nach der kompletten Überarbeitung des Corporate Design erlebt das neue Color-Coding auf dem Firmenfuhrpark 1975 seine Premiere.

ein Superlativ gehört dazu: In Spitzenzeiten können dort immerhin 27 Millionen Modelle gelagert und für den schnellen Versand an den nationalen und internationalen Handel vorbereitet werden.

1996 ging im polnischen Zlotoryja ein Montagestandort in Betrieb, der zunächst für die Traditionsmarke Wiking, dann aber auch immer mehr für Siku Fertigungsarbeiten übernahm. In Hongkong hatten die Sieper-Werke in der Zwischenzeit eine Einkaufsgesellschaft für Fernost installiert. Von dort aus koordinierten die Lüdenscheider die Produktion von Pkw-Modellen und weiterer Blisterware, um dem vermehrten Kostendruck in Europa zu begegnen. 2006 leitete Siku in der traditionsreichen Super-Serie einen Maßstabswechsel ein: Die Lüdenscheider Modellbauer miniaturisierten fortan alle Neuheiten im Maßstab 1:50, parallel liefen noch eine Zeitlang die 1:55-Modelle im Sortiment mit. Auf diese Weise konnte detailreicher, noch modellgetreuer gearbeitet werden. Zum Ende des ersten Jahrzehnts des neuen Jahrtausends hatte Siku seine Sortimente noch trennschärfer positioniert. Sämtliche Fahrzeuge der landwirtschaftlichen Themenwelt firmierten fortan unter Siku Farmer, wenngleich den neu vorgestellten Schlepper- und Landmaschinenmodellen im Maßstab 1:50 der Brückenschlag zur Themenwelt „Stadt" der Siku Super-Serie gelang. Gleichzeitig wurde das 1:87-Segment ausgebaut. Wegen des enormen Kostendrucks führte kein Weg dran vorbei: Der Produktionsstandort Lüdenscheid musste immer weiter zurückgefahren werden, um die Wettbewerbsfähigkeit zu erhalten. Möglich wurde das durch die konsequente

Manches Mal lohnt sich das genaue Hinschauen, denn nicht jedes Siku-Spielzeugmodell nimmt seinen Weg über den Handel in die Kinderhände. Tatsächlich gibt es zahlreiche Modelle, die in kleinen, zuweilen sehr überschaubaren Auflagen das Haus auf direktem Weg zu Industriekunden verlassen.

Vor 50 Jahren der Blick auf die modernisierte Fertigungsstätte am Stammsitz in Lüdenscheid: In den Siebzigerjahren herrscht an der Hofeinfahrt an der Schlittenbacher Straße oft reger Betrieb (l.), während sich im Kreuzungsbereich zur Bräuckenstraße der Fassadenanblick eines zukunftsgewandten Unternehmens ergibt. Lediglich auf dem Dach ist noch das alte Markenzeichen zu sehen. Es sollte bald danach ausgetauscht werden.

Weiterentwicklung des Sortiments bei gleichzeitiger Beibehaltung des Investitionstempos durch einen eigenen Fertigungsstandort, der im chinesischen Dongguan in Betrieb ging. Heute kommt Siku aus den Standorten in Deutschland, Polen und China, das Unternehmen wird von einem familienfernen Management geführt. Wichtigste Drehscheibe für das unternehmerische Engagement ist Lüdenscheid als zentraler Standort für Verwaltung, Vertrieb und Logistik geblieben. Und auch der Qualitätsanspruch an die Siku-Produkte veränderte sich keineswegs. Ungewöhnlich robust sind die Spielzeugmodelle bis heute geblieben.

In dritter Generation hält Volker Sieper das Familienzepter ab 1972 rund vier Jahrzehnte in der Hand. Unter seiner Ägide erleben Unternehmen und Produktsortiment eine Neuausrichtung, berät allwöchentlich ein Kreis aus allen Fachbereichen über neue Entwicklungen. Es dreht sich immer wieder um neue, im nächsten Jahr erfolgreiche Spielzeugmodelle.

9

Gespielt wird immer – am liebsten mit Siku

Wie wichtig die Marken-Expertise heute ist

Auch bei Exoten aus Fernost haben die Siku-Modellbauer keine Berührungsängste. Der Nissan GTR in der exklusiven Nismo-Variante besticht durch seinen bulligen Auftritt und zahlreiche sorgfältig umgesetzte Details.

Der Maßstab 1:50 ist Garant für vorbildgerechte und robuste Spielzeugmodelle wie die Rosenbauer Drehleiter auf MAN-Fahrgestell, der VW-Notarzt-Bulli, aber auch das Einsatzleitfahrzeug auf Mercedes-Benz-G-Fahrgestell.

Vor dem Hintergrund der mehr als 100 Jahre langen Erfahrung stellt die Sieper GmbH mit der Marke Siku enkelfähiges Spielzeug her und stützt den zuletzt schrumpfenden Spielzeugmarkt immer wieder mit Neuheitenimpulsen. Zuletzt bezog sich die Line-Extension auf Toddys, eine neue Produktlinie für die Allerkleinsten. 2020 wurde das Systemspielzeug speziell für Kinder ab zwölf Monaten vorgestellt und mit ihm gelingt eine altersgerechte Förderung, die den individuellen Entwicklungsprozess begleitet. Die Toddys sind wandlungsfähig und bringen jede Menge Lernspaß mit sich. Durch ein einfaches Dreh-Steck-System lassen sich die Fahrzeugteile einfach kombinieren und fördern damit die motorischen Fähigkeiten des Kindes. Es ist eine der Siku-Antworten in einem sich langsam, aber sicher verändernden Markt. Das sinnfällige Produkt-Marken-Konzept verfängt. Das hat auch die Auszeichnung zum „Top Ten Spielzeug 2020“ gezeigt, eine renommierte Ehrung für neue, vor allem innovative Ideen.

Das genaue Hinschauen macht Spaß: Die Toddys – das ist jeweils ein lustiges Team aus einer Figur zum Aufstecken und einem Fahrzeug. Der Bezug zur Siku-Kompetenz der Spielzeugautomodelle schwingt subtil bereits mit. Jeder Toddy erzählt dabei eine eigene Geschichte. Vom Arbeiten auf der Baustelle mit Luke und Loady bis zu den Abenteuern der Pilotin Paula mit ihrem Flieger Pretty. Dabei hat jedes Fahrzeug individuelle, kleine Details, die beim Spielen entdeckt werden. Hier ein Blinklicht, da weiche Noppen, eine Sirene, eine Hupe oder eine abnehmbare Leiter. Den

Es sind die ungewöhnlichen, manchmal farbintensiven, in jedem Fall Spaß machenden Autos, die Siku für die eigene Erlebniswelt auf die Kunststofffahrbahnen bringt.

Für die Fahrzeuge des Alltags und die Spezialisten ist natürlich auch Platz. So fuhren der Streetcooter, ebenso wie der T1 als Lieblingsbulli und der Survivor R als „Panzerwagen“ der Polizei-Spezialeinheiten ins Programm.

Jetzt kommt neues Leben in die Kinderzimmer: Das Spielsystem Siku World gibt der spielerischen Fantasie neuen Raum. Mit unzähligen Ausbaumöglichkeiten und tollen Zubehörartikeln erhalten Mädchen und Jungen spannende Gestaltungsoptionen.

Nicht nur bei Siku-Promotions beliebt: Dank Siku Control 32 können sich Mädchen und Jungen selbst beim Schlepperfahren probieren. Inzwischen gibt es im ganzen Land Erlebnisflächen, die landwirtschaftliche Betriebe und Ernteflächen in 32-facher Miniaturisierung eigens für Siku Control 32 bereithalten.

Schwungrad-Motor haben sie alle. Zusammen ergeben die Toddys eine eigene Welt, in der unzählige kleine Rollenspiele möglich sind. Ausgereift ist das doppelte Verbindungssystem: Mit dem Siku Schlüssel-Schloss-Prinzip sind die Toddys untereinander kombinierbar und dank des bekannten Stecksystems mit Bausteinen anderer Hersteller zu ergänzen. Jedes Fahrzeug besteht aus zwei bis drei Teilen, die man zerlegen und mit anderen Toddys zusammenbauen kann. So entstehen neue Teams und coole Fantasiefahrzeuge. Zum Beispiel ein fliegender Feuerwehrbus. So wird früh Themenbegeisterung geweckt, die Siku mit fortschreitendem Alter produktgerecht bedienen kann.

Die Siku-Geschäftsführung weiß angesichts ihrer jahrelangen Erfahrungen um die Herausforderungen, die die Spielzeugbranche in den nächsten Jahren mit sich bringen wird. Klar, der Name Siku steht unverändert für Qualität. Anders als viele Preiseinstiegswaren, die die Spielzeugregale im Handel kunterbunt füllen, steht die blaue und grüne Siku-Verpackungswelt für eine Premium-Qualität, die modellhaften Spielspaß bedeutet. Freilich ist es über all die Jahrzehnte beim händisch bespielbaren Lkw oder Schlepper geblieben. Doch der Eintritt in die digitale Welt war nach Einschätzung der Siku-Geschäftsführung alternativlos – und hat sich inzwischen auch bewährt. Das eine zu tun, ohne das andere zu lassen, könnte das Motto der jüngsten Vergangenheit lauten. Den Fendt-Schlepper mit der App zu steuern, bedeutet neuen Spielspaß und begeistert Vater und Sohn ebenso wie den jung gebliebenen Großvater. Enkelfähig eben, sozusagen generationenverbindend.

Es war schon sehr einschränkend, dass das 100-jährige Firmenjubiläum 2021 inmitten der Pandemie stattfand – für Begegnung war da kaum Raum. Es wurden Sonderprodukte auf den Markt gebracht, mit denen vor allem den langjährigen Fans und Sammlern eine Freude bereitet wurde. Das gelang. Ansonsten bleibt Siku bei seiner angestammten Linie. Siku-Produkte

Die blaue Wand mit dem roten Punkt: Zielsicher lässt sich die Marke Siku im Handel finden. Das Corporate Design wandelte sich in den letzten vier Jahrzehnten hin zu einem klar differenzierenden Auftritt – von der Verpackung bis zum Verkaufsregal.

besitzen eine kohärente Markenführung über mehrere Generationen hinweg. Viele Erwachsene, die in ihrer eigenen Kindheit schon mit Siku-Spielzeugautos und anderen Produkten gespielt haben, möchten diese Erfahrung an ihre Kinder weitergeben. Dabei können sie ihren Nachwuchs oft sogar mit den Siku-Spielsachen aus ihrer eigenen Kindheit begeistern, denn trotz mancher Abnutzungserscheinungen, die über die Jahre bei jedem Spielzeug auftreten, sind Siku-Produkte von ungeheurer Bestandskraft. Oftmals gar „unkaputtbar" – allein das ist eine wertvolle Markenexpertise. Siku produziert seit über 100 Jahren nach selbst gesteckten, branchenweit höchsten Qualitätsstandards, die es ermöglichen, dass sich auch künftige Generationen an Siku-Spielzeugen erfreuen können. Warum sollte es auch anders sein. Denn der legendäre Faun-Kranwagen 4010, der in den Neunzigerjahren den Spieltrieb der Jungen beflügelte, leistet heute Gleiches. Gut verpackt harren heute Tausende von Siku-Spielzeugen in Kisten in den Haushalten aus, allesamt in der längst väterlichen Hoffnung, irgendwann einmal von den eigenen Kindern bespielt werden zu können. Das können nur sehr wenig Spielzeugmarken von sich behaupten. Ganz zu schweigen davon, dass es anderen Produkten einfach daran fehlt,

So macht es Spaß: Ungewöhnliche Pkw, große Frachtschiffe und kleine Kreuzfahrtschiffe finden trotz unterschiedlicher Maßstäbe in der Siku World zusammen.

Es ist der Einstieg in eine neue, faszinierende Spielwelt: Mit den Toddys hat Siku ein besonderes Spielzeugauto für Kinder ab 18 Monaten entwickelt. Das Dreh- und Stecksystem macht die kleinen Flitzer besonders wandlungsfähig. Jedes Toddys-Auto kann geteilt werden und mit anderen Fahrzeugen zusammen gesteckt werden. So ergeben sich super lange Fahrzeuge. Das Drehen und Stecken fördert die motorischen Fähigkeiten von Kleinkindern. Die Größe ist überdies an die Bedürfnisse von Kleinkindern angepasst. Die lustigen Figuren lassen sich herausnehmen.

die Beweisführung für Langlebigkeit antreten zu können.

In den nunmehr über 100 Jahren der Siku-Firmengeschichte hat sich auch auf dem Spielwarenmarkt vieles verändert. Die Fachhandelslandschaft wurde seit der Jahrtausendwende immer weiter ausgedünnt – die schon klischeehaften Spielzeugbegegnungen am Schaufenster sind längst Geschichte. Dann gelangte in den Achtzigerjahren mit dem Gameboy, der Atari 2600-Konsole und dem PC-Debütanten C64 die Revolution in die Kinderzimmer, inzwischen sind in der traditionellen Siku-Zielgruppe die Tablets mit immer neuen Apps favorisiert. Die Kernfrage lautet für Siku immer wieder: Kann haptisches Spielzeug besonders bei der jungen Zielgruppe überhaupt noch neben der digitalen Konkurrenz bestehen? Das Haptische wird bleiben – es geht ums Sehen, Hören und vor allem Berühren. Dieses Erlebnis werden rein digitale Angebote niemals ersetzen können, da ist sich die Siku-Geschäftsleitung sicher.

Für die Siku Control-Produkte wurde folgerichtig eine eigene App entwickelt, die sich kostenlos aufs Smartphone herunterladen lässt, um den Siku-Traktor oder -Bagger mittels Bluetooth-Verbindung vom mobilen Endgerät aus zu steuern. Dank dieser technologischen Weiterentwicklung braucht man keine gerätespezifische externe Fernbedienung mehr und hat gleichzeitig eine noch größere Spielfreude. Mit der Siku Control App kann der John Deere 7310R mit samt Frontlader via Smartphone oder Tablet gesteuert werden. Android- und iOS-Technologie ist selbstverständlich nutzbar. Alternativ wird der Traktor auch im Set mit dem bewährten Fernsteuermodul Bluetooth angeboten. Der John Deere 7310R ist der stärkste Vertreter in der Baureihe 7R und zeichnet sich als Hightech-Modell aus Metall und Kunststoff nicht nur durch die zahlreichen Features aus, sondern auch durch die bei Fans so geschätzte Detailliebe. Alle Funktionen und die immerhin fünf Getriebe des Traktors lassen sich dann über die App steuern. Wahlweise geht das auch über die virtuelle Gamepad-Steuerung oder die Bewegungssensoren der mobilen Geräte. Dieses intuitive Feature ist eine willkommene Abwechslung und bietet zusätzlichen Spielspaß. Mit der App ist präzises Rangieren genauso möglich wie das Steuern der Frontlader, der Anhänger von Joskin und Fortuna oder des Pflugs von Vogel & Noot. Wie beim Fernsteuermodul lassen sich zudem das Fahrlicht an der Motorhaube, die Arbeitsscheinwerfer an der Kabine, die Heckblinker und die Rundumleuchten schalten. Das digitale Bedienkonzept à la Siku ist ausgereift und für den Traktor kann zudem ein Name angelegt werden. Mit der Over-The-Air-Funktion (OTA) der App kann die Software im Traktor direkt upgedated werden. Siku ist damit längst in der digitalen Zukunft angekommen. All das hat natürlich auch seinen Preis.

Kinder sollen weiterhin die Welt mit ihrem Spielzeug begreifen lernen, davon ist die Siku-Geschäftsführung angesichts vielfältiger gesellschaftlicher Veränderungen grundsätzlich überzeugt. Mehr noch. Der zentrale Gedanke, der das ganze Unternehmen in den letzten 100 Jahren geprägt hat, bedeutet: Kinder lernen spielerisch und begreifen und erschaffen sich dabei ihre eigene Welt. Siku World heißt das zugehörige Produkt-Marken-Konzept seit seiner Vorstellung auf der Nürnberger Spielwarenmesse 2013. Es lässt die Jüngsten in eine spielerische Erlebniswelt eintauchen.

Die Spielwelten sind thematisch klar umrissen: Das immerhin 38 Zentimeter lange Verkehrsflugzeug mit den zwei mächtigen Triebwerken steht gleich nach dem Auspacken zum Einsteigen bereit. Doch wer sitzt wo? Das Kabinenpersonal kann einfach die vordere Klappe im Dach anheben und den vier Passagiere ihre Plätze zuweisen. In der hinteren Klappe ist Platz im Laderaum für das Lieblingsauto, das mit in den Urlaub genommen werden kann. Es ist die Kombination von händischer Spielbewegung und sinnfälligen Technikimpulsen, eine durch und durch aktive Welt. Bereit machen zum Landeanflug: Fahrwerk ausklappen und den Landescheinwerfer anschalten. Die LED geht nach zehn Minuten Betriebszeit automatisch aus. Das Follow-me-Fahrzeug begleitet das Flugzeug

Die Siku World wächst immer weiter und schafft miniaturisierte Lebensräume. Neben dem Stadt-Set mit Tankstelle und Waschanlage, Feuerwehrstation und Helikopter-Landeplatz beleben Parkhaus und Zugbrücke das Stadtleben. Zur Spielwarenmesse 2018 präsentierte Siku das erste Set der neuen Siku World, das über ein neues intuitives und spielstabiles Stecksystem für Gebäude verfügt. Diese können in allen Dimensionen erweitert werden.

Ganz nahe am Alltag: Immer neue robuste Siku Automodelle mit variablen Spielfunktionen schaffen Aktualität und Begeisterung. Ganz gleich, ob Abschleppwagen oder rasante Pkw. Mit den Neuheiten von Siku verwandelt sich das Kinderzimmer in eine eigene Verkehrswelt. Die aus Metall und stabilem Kunststoff hergestellten Fahrzeuge sind nicht nur besonders robust, sondern schaffen mit wirklichkeitsnahen Funktionen Spielattraktivität.

Der Reiz der Farmer-Serie entsteht durch ungewöhnliche Modelle wie den Fendt 728 Vario als Weihnachtsschlepper oder die Hightech-Modelle wie den Claas Xerion 5000 TRAC VC von Siku Control 32.

Besondere Ästhetik: Mit Blackline-Modellen eroberte Siku die Herzen jener Sammler, die modellbauerischen Purismus zu schätzen wissen.

zur Parkposition und der Flugzeugschlepper mit der Schleppstange steht schon für den nächsten Abflug bereit. Weitere Themensets bringen die Spielzeugmodelle ins Rollen. Wie in der Leitzentrale der Feuerwache. Mit dem integrierten Light & Sound-Modul mit blinkenden LEDs und sechs verschiedenen Sounds wird das Kinderzimmer zum Einsatzort. Aus dem Dach des kleinen Ladens in der Nachbarschaft schlagen schon die Flammen. Nur gut, dass direkt daneben der Hydrant mit Schlauch und Spritze steht – Wasser marsch! Mit der neuen Feuerwache konnte die Siku World weiterwachsen. Das zweigeschossige Gebäude kann rasch zusammengesteckt werden. Ganz so, wie es gewünscht wird, Fantasiefülle inklusive.

Aus den Bauelementen entstehen ganz individuelle Gebäude in L- oder U-Form oder wachsen zu einem mehrgeschossigen Gebäude empor. Der modulare Aufbau und die Stabilität des Stecksystems setzen der Kreativität der Kinder keine Grenzen. Das Siku-Stecksystem fördert dabei spielerisch die motorischen und kognitiven Fähigkeiten des Kindes Die Möglichkeit, ohne Hilfe von Erwachsenen etwas zu erschaffen, stärkt zudem das Selbstbewusstsein. Die Feuerwache ist mit den anderen Sets der Siku World kompatibel, funktioniert aber auch autark. Mit dem Hydranten mit Schlauch und Spritze, Rutschstange, Rolltor, Satellitenanlage und dem Windsack wird die Feuerwachse sehr detailreich ausgestattet. Viel Spielspaß versprechen der Hubschrauberlandeplatz auf dem Gebäudedach und die rasante Abfahrt. Enthalten sind bereits ein Feuerwehrfahrzeug und der Feuerwehrhubschrauber. Das ist es, was die Spielwelt von Siku heute ausmacht. Wer genau hinschaut, erkennt, dass sie gar nicht so weit von den Fünfzigerjahren entfernt ist. Damals war genau diese Spielwelt die Grundidee der Siku-Gründer.

Gern gesehen: Der MAN-Gelenkbus wirkt durch die präzisen Bauteile aus Zinkdruckguss und Kunststoffelementen als feines Gesamtmodell. Auf diese Weise erhält das Fahrzeug nicht nur seine authentische Transparenz mit dem Blick aufs Interieur, vielmehr trägt auch eine vorbildgerechte Flankenbedruckung zum authentischen Erscheinungsbild bei.

Wenn es um Langlebigkeit geht, kann Siku angesichts der allseits geschätzten Produktqualität die zeitgemäße Imagedimension der Nachhaltigkeit deshalb vollends ausspielen. Die Liebe zum Detail erstreckt sich ausdrücklich nicht nur auf das Produktportfolio, sondern auch auf die Fertigungsprozesse. Das Gute an der Spielwarenbranche ist: Gespielt wird immer, in guten Zeiten wie in schlechten. Allerdings hat die Wettbewerbsintensität zwischen den digitalen Produkten und einer eher auf tradierten Werten beruhenden Siku-Produktwelt deutlich zugenommen. Gleiches gilt für die Vertriebswege. Es geht heute nicht allein darum, ein möglichst breites Sortiment anbieten zu können, sondern eher darum, die Einzelprodukte absatzstark im Markt zu zementieren. Die Siku-Geschäftsführung arbeitet bewusst daran, die Umlaufgeschwindigkeit und damit die Flächenproduktivität durch die Attraktivität ihrer Siku-Produkte in den unterschiedlichen Vertriebswegen zu erhöhen. Der klassische Spielwarenhandel ist dabei genauso wichtig wie Verbrauchermärkte und das E-Commerce-Geschäft, das seit der Pandemie einen enormen Schub erlebt und überproportionales Wachstum verzeichnen konnte. Die Zielsetzung bleibt: Die Brücke zu den Siku-Fans der unterschiedlichen Generationen zu schlagen – gern von Jung bis Alt. Aber das wird ganz sicher gelingen. Steherqualitäten hat die Marke Siku in über einem Jahrhundert Marktpräsenz immer wieder unter Beweis gestellt.

Bewegliche Teile sind das A und O: Beim BMW i8 LCI lassen sich die Türen ebenso imposant öffnen wie beim Vision Mercedes-Maybach 6.

Bibliografische Information der Deutschen Nationalbibliothek
Die Deutsche Nationalbibliothek verzeichnet diese Publikation in der Deutschen Nationalbibliografie; detaillierte bibliografische Daten sind im Internet über http://dnb.dnb.de abrufbar.

1. Auflage
ISBN 978-3-667-12523-1

Text: Ulrich Biene
Lektorat: Hanno Vienken
Einbandgestaltung, Layout und Lithografie: Jörg Weusthoff, Lorenz Patzner, Weusthoff & Reiche Design, Hamburg
Druck: Print Consult GmbH, München
Printed in Slovenia 2025

Delius Klasing Verlag GmbH, Siekerwall 21, D - 33602 Bielefeld
Tel.: 0521/559-0
E-Mail: info@delius-klasing.de
www.delius-klasing.de

Fotonachweis

Ulrich Biene: 4, 5, 6, 7, 8, 9, 10/11, 12, 13, 19u, 20, 21, 22u, 23, 24o, 25, 27u, 28, 29o, 29ul, 30ur, 32, 33o, 34, 35m, 36o, 37or, 37u, 38, 39, 40, 41, 44u, 45o, 49, 52, 53, 54, 55, 56r, 57u, 58l, 60o, 61o, 62o, 63u, 64, 65u, 69o, 69u, 73, 74, 75, 76, 78, 79, 80, 81u, 82, 83, 84, 85, 86, 87, 88, 89o, 89u, 90, 91, 92, 94, 96, 97, 100/101, 102, 103, 104/105, 106m, 106u, 107, 108u, 109, 110, 111r, 114, 115ul, 116, 117, 118, 119o, 120, 121, 122, 123, 124u, 125o, 126, 127, 128m, 130, 131, 132, 133, 134, 135, 136, 137, 138, 139, 140, 141, 142, 143, 144, 145, 146, 147, 148, 149, 150, 151, 152, 153, 154, 155, 156, 157, 160/161, 162/163, 170m, 171o, 173o, 176u, 178u, 179u, 182u, 183u
Sieper-Archiv: 2, 18, 19m, 21u, 22o, 24 u, 26, 27o, 29ur, 30o, 30ul, 31 ul, 33ur, 35o, 35u, 36u, 37ol, 44o, 46o, 56l, 57m, 65o, 77, 80o, 89m, 129o, 129u, 133o, 142or, 150m, 164, 165, 168, 169, 170o, 170u, 171o, 171u, 172, 173u, 174, 175, 176o, 177, 178o, 179o, 179u, 182o, 183o, 183 m, 184, 185, 186, 187, 188, 189, 190, 191
ADAC: 9u, 124o, 128or, 128u, 129or
Andy Andresen/Qin Verlag: 111ul
Deutz-Fahr: 11
Esterer Fahrzeugbau: 106o
Ford AG: 74l
Horst Reinhardt: 48, 50, 57o
Repro AutoBild: 47, 72
Auktionshaus Saure: 46u, 51, 58o, 58u, 59l, 63o, 65m, 66, 67, 115ur
Matthias Schafhauser: 31r
Studio 70: Titelfoto, 90m, 93, 95
Mercedes-Benz/Haller Fahrzeugbau: 108o, 109o, 111o
Metz Karlsruhe: 119m
Aral AG: 62ul, 62ur
Strüver: 62um
Sammlung privat: 45u, 45m, 60u, 61u, 68, 69m, 101r, 119u, 125o, 127or